量子物理的起源，從普朗克常數到薛丁格方程式，奠定古典物理的基石

超簡單
量子力學

ULTRA SIMPLE
QUANTUM MECHANICS

探索量子物理的起源

科學角度看平行世界的無限可能性
未來科技如何改變世界和生活
量子疊加與糾纏，讓複雜理論變得淺顯易懂
「丁格的貓」沒有這麼難理解

高鵬 著

目錄

前言　　　　　　　　　　　　　　　　　　　　005

引言　　　　　　　　　　　　　　　　　　　　009

第一篇　量子・起源　　　　　　　　　　　　　011

第二篇　量子・創立　　　　　　　　　　　　　037

第三篇　量子・顛覆認知　　　　　　　　　　　067

第四篇　量子奧義・疊加與測量　　　　　　　　095

第五篇　量子奧義・糾纏　　　　　　　　　　　125

第六篇　量子・新發展　　　　　　　　　　　　153

第七篇　量子・幕後英雄　　　　　　　　　　　175

第八篇　量子・尖端技術　　　　　　　　　　　197

附錄 A　一維無限位能井中自由粒子的運動　　　237

附錄 B　氫原子中電子的運動　　　　　　　　　245

參考文獻　　　　　　　　　　　　　　　　　　251

目錄

前言

　　近幾年,隨著量子科技的發展,「量子」一詞越來越頻繁地出現在大眾的視野中。許多人對量子力學充滿好奇,但又對量子力學似懂非懂,感覺它非常神祕,網路上甚至出現了「遇事不決,量子力學」的戲謔之語。在大部分人心目中,量子力學是跟高深莫測連繫在一起的。新聞報導中「量子電腦」超凡的計算能力讓人們對量子科學又敬又畏,而今年剛剛獲得諾貝爾物理學獎的科學家所做的「量子糾纏」又讓人們感覺雲裡霧裡、十分新奇,甚至有人將其與心靈感應連繫在一起,但實際上,今年獲得的諾獎的工作早已完成幾十年了,由此可見,公眾對量子力學的了解還是十分缺乏的。

　　量子力學的發展已經有了一百多年的歷史,不管它提出來的時候多麼難以理解,但是經過這麼些年的發展,它理應成為公眾常識的一部分,就像牛頓力學已經成為公眾常識一樣。而事實上,量子力學的普及程度遠遠不及牛頓力學,其原因,當然與量子力學與人們的日常生活很難發生交集有關,但是,隨著量子資訊時代的到來,「量子」將越來越多的出現在人們的生活中,因此,在公眾中普及量子科學就成為一件很有必要的事情。身為一個科學與教育工作者和一個為量子著迷二十年的量子愛好者,我很希望盡自己的微薄之

前言

力,能為量子科學的普及做一點小小的貢獻,讓公眾尤其是青少年能盡可能地在不涉及深奧的數學的情況下,讀懂量子科學並理解其中的奧妙。

實際上,我並不是量子力學的研究人員,我的研究方向屬於化學領域,不過,很多人可能不知道,化學跟量子力學有著密切的連繫。在 1820 年,薛丁格(Erwin Rudolf Josef Alexander Schrödinger)創立了量子力學的數學體系,其中最重要的成果就是求解了氫原子的薛丁格方程式,認識了原子結構,這也成為現代化學家認識原子結構的基礎。隨後,化學家們就開始用量子力學處理各種原子、分子的問題,以及它們之間的反應問題,從而創立了量子化學這一學科。化學家們對於化學鍵以及化學反應本質的常識,就是基於量子力學得出的理論。近些年,隨著量子資訊科學的發展,用量子電腦來模擬化學反應成為量子電腦的一個重要應用,事實上,這也是當年費曼(Richard Phillips Feynman)提出量子電腦構想的一個重要思路──用量子來模擬量子,因為化學反應在原子、分子層面都要遵循量子力學法則。費曼也曾經說過,理論化學的最終歸宿是在量子力學中。所以說,量子化學其實是量子力學的一個重要分支,而我正好在講授這門課程,因此我對於量子力學是很熟悉的。

其實早在二十年前讀研究生期間,我就對量子力學非常感興趣,這要歸功於一本名為《時間之箭──揭開時間

最大奧祕之科學旅程》(The arrow of time : the quest to solve science's greatest mystery)的科普書,這本書讓我體會到了量子力學的奇妙之處,直到現在,我還時常拿出來翻閱。後來,我到大學任教,講授的第一門課就是「結構化學」,這門課是量子化學的先導課,主要就是應用量子力學原理來處理原子、分子的結構。第一次授課時,受系裡邀請,徐崇泉教授專門從哈爾濱趕來為我指導,為我更深入地理解量子力學的內涵打下了良好的基礎。此後,在一輪又一輪的授課過程中,我越來越深入地認識到了量子力學的奇妙之處,對量子力學產生了越來越濃厚的興趣。

都說興趣是最好的老師。任教十多年,我研讀的量子物理專業書籍和科普書籍超過百本,對量子力學逐漸有了比較深刻的理解和認識,由此產生了用自己的方式把神奇的量子世界介紹給讀者的想法,經過幾年的打磨,我的第一本科普作品誕生了。感謝清華大學出版社的厚愛,感謝出版社編輯的鼓勵和支持,讓這本書得以出版,從此我也踏上了科普寫作的道路。科學協會還專門請我舉辦了一次有關量子物理的講座,為科技工作者們科普量子,後來我也多次為青少年做過量子科普講座,反響都很好,這也極大地激勵了我對科普創作的信心。

其實,我對上一部作品還是略感缺憾的,因為我當時專注於量子力學的理論,對於量子技術方面介紹得不夠,隨著近幾

前言

年量子資訊技術的快速發展，我很想找機會彌補這一缺憾，恰好清華大學出版社承接的出版專案中要為青少年創作基礎前沿科學史叢書，其中一本就是介紹量子科學，我很高興能承擔這一重任，寫一本量子力學理論與技術兼顧的科普作品。

這次創作時間緊、任務重，寒假的兩個月則是我最主要的創作時間，甚至大年三十也沒歇過一天，終於我自認為保質保量地完成了任務。

事實上，寫科普要比講課更困難，因為量子力學乃至量子技術的授課對象都是高年級大學生，他們已經掌握了高等數學和大學物理知識，用數學的語言跟他們對話，很多東西是比較容易講解的，但是這次要寫科普，必須假設讀者是沒有相關基礎的，這種情況下要把量子科學和技術通俗易懂地講解清楚，是相當困難的，這對作者的理解深度是一個極大的考驗。同時，科普作品還要兼顧趣味性和可讀性，既要使讀者找到閱讀的樂趣，也能使讀者掌握基本的科學知識，還要引導讀者養成科學思維的習慣，因此，優秀的科普作品其實是不多見的，我希望自己在這些方面能得到讀者的認可。同時，我也希望本書能激發青少年對科學的熱情，引導他們走上科學探索的道路，這也是本套叢書的創作初衷所在。最後，由於本人能力所限，疏漏和不足之處在所難免，敬請讀者朋友們批評指正。

高鵬

引言

　　如果你是第一次聽到「量子」這個詞，很有可能會以為它是某一種粒子的名字，其實不然，這是一種常見的誤解。事實上，「量子」是一種物理概念，這個概念是與古典物理中的「連續」相對立的，它代表的是一種不連續的變化方式，我們稱之為「量子化」。

　　我們所熟知的所有微觀粒子，如光子、電子、質子、原子、分子等，在微觀尺度裡都表現出明顯的量子特性，這是與我們在日常生活中的認知完全不同的特性，我們所熟悉的許多物理認知，在量子世界中都被徹底顛覆。微觀粒子的運動根本不服從牛頓力學，因此，描述微觀粒子運動規律的科學就被稱為量子力學。

　　量子力學的發現過程，是一幅波瀾壯闊的歷史畫卷，其中，既有人類智力的巔峰對決，也有超出想像的自然之謎。量子現象給人類帶來的衝擊和震撼，連人類最聰明的大腦都為之驚嘆。量子物理對人類文明的推動作用，在過去 100 年已經帶來了一場深刻的技術革命，且在未來的 100 年，還將繼續帶來另一場更深刻的技術革命。

　　下面，就讓我們跟隨歷史的腳步，把這幅畫卷徐徐展開，跟那些偉大的物理天才們一起，去探索量子科學的奧祕吧。

引言

第一篇
量子・起源

第一篇 量子・起源

黑暗中的光

　　1900 年是 20 世紀的第一年,從伽利略時代算起,近代物理學到這時候已經發展了近 300 年。300 年間,物理學家們格物致理、孜孜不倦地探求自然界的奧祕,開闢出了力學、光學、熱學、電磁學等多個研究領域,湧現出牛頓、法拉第、馬克士威(James Clerk Maxwell)、波茲曼(Ludwig Eduard Boltzmann)等一大批天才的物理學家。到 1900 年的時候,人們已經弄清楚了太陽系的執行規律,發現了元素週期表,發明出蒸汽機和發電機,甚至發明了無線電通訊……人類對世界的認知和改造達到一個空前的高度,當時很多物理學家自信滿滿地認為,人類對自然界已經瞭如指掌,人類對物理學的探索也即將走到盡頭,到那時候,宇宙在人類眼裡將不再有祕密。

　　1900 年,德國物理學家馬克斯・普朗克(Max Karl Ernst Ludwig Planck)剛滿 42 歲,但他已經榮譽滿身了。普朗克 21 歲博士畢業以後,先在自己的母校慕尼黑大學任教,後來又回到家鄉的基爾大學任教。憑藉自己在熱力學領域的出色工作,他在 1889 年來到了首都柏林,出任柏林大學理論物理研究所的主任,1894 年,他當選為普魯士科學院的院士。

榮譽加身的普朗克,在世人眼裡已經是一位非常成功的物理學家了,但他自己卻時常會回想起他的大學物理老師對他說過的一番話。那時候,他一心想鑽研物理,於是申請從數學系轉到物理系,沒想到,教授居然對他說,物理學的大廈已經建成,剩下的只不過是在一些偏僻的角落裡進行邊邊角角的修補,已經沒有什麼大的發展前途了。普朗克雖然沒有被這些話語勸退,但是這些話卻在他的心底深深地扎下了根,他也時常在疑惑,物理學難道真的快走到盡頭了嗎?

就在他當選院士的那一年,普朗克決定向當時物理學界的著名難題——黑體輻射發起進攻,他希望能攻克這個難題,即便是修補大廈的邊邊角角,他也要修補最難的那一塊。

當物體被加熱時,就會發光發熱,例如,燒紅的鐵塊在黑暗中會放出橙黃色的光芒(圖 1-1)。當時物理學家們已經知道,「光」就是電磁波,發光就是輻射電磁波,電磁波攜帶的能量就是測量出來的「熱」。事實上,任何溫度高於絕對零度(-273.15 ℃)的物體都在發光發熱,只不過,它們發出的「光」並非都是可見光。只有波長在 400 至 700 nm 的光才是可見光(圖 1-2),也就是人類肉眼能識別的電磁波,其他波段的電磁波都是不可見光,人類看不到。例如,人類雖然也在發光,發出的卻是肉眼看不到的紅外線。而物體只有在被加熱到 500°C 以上時才會發出較強的可見光。

第一篇　量子・起源

物體發光發熱的現象，在物理學上有一個專有名詞——熱輻射（Thermal radiation）。

圖 1-1 燒紅的鐵塊發出可見光

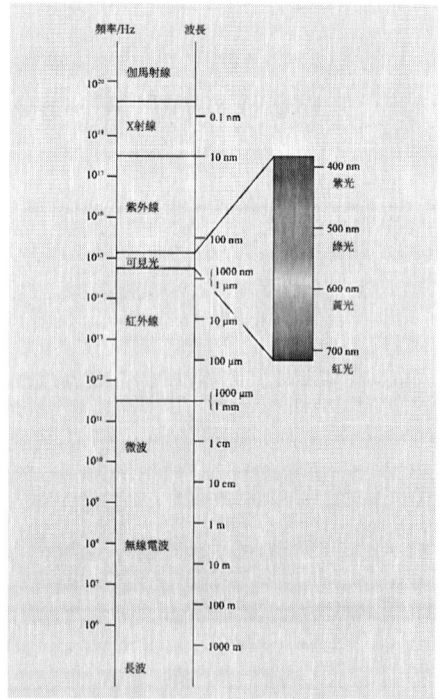
圖 1-2 可見光在電磁波譜中的範圍

溫度越高，輻射能力越強。熱輻射看起來好像並不複雜，按道理講，當時人們已經有了完善的光學、熱學、統計力學、電磁學等理論，解釋這個現象應該不算一個難題，但令人意外的是，這竟然是當時的一大難題。

為了研究熱輻射，人們設想了一種理想情況。如果一個物體能吸收全部的外來光，那麼當它被加熱時就能最大限度地發光，這就是理想的熱輻射，也叫黑體輻射。「黑體」的概念是普朗克的老師克希荷夫（Gustav Robert Kirchhoff）在1862年提出來的。我們知道，一個物體之所以呈黑色，是因為它能吸光而不反光。顯然，最黑的物體能把照射到它表面的所有光都吸收掉，一點兒都不反射，這就是「黑體」。

最開始人們用塗黑的鉑片作為黑體來研究。後來，德國物理學家維恩想出來一個更巧妙的辦法來製作黑體：找一個內壁塗黑的耐熱的密閉箱子，在箱子上開一個小孔，因為射入小孔的光能被完全吸收，所以這個小孔就是一個「黑體」（圖 1-3）。

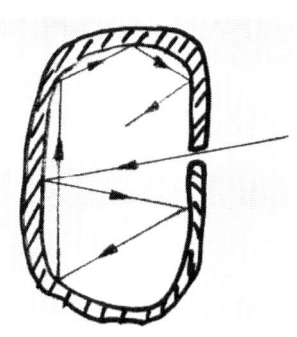

圖 1-3 空腔小孔黑體

第一篇　量子・起源

　　當時人們透過實驗已得出了黑體輻射的光波波長與輻射能量之間的關係曲線，對於一個理想的熱輻射來講，這條曲線是確定的，只隨溫度變化（圖1-4）。但是在理論解釋上，卻找不到一個合適的公式來描述這條曲線。物理學家們透過古典的熱力學和統計力學推導出兩個公式，分別叫維恩定律（Wien Approximation）和瑞利-金斯定律（Rayleigh–Jeans law），但這兩個公式只能分別解釋曲線的一半，都無法給出全部曲線的能量密度分布。古典物理學在這個問題上，似乎無能為力。

　　到1900年，普朗克研究黑體輻射問題已經6年了。身為熱力學專家，頂著科學院院士的光環，奮鬥6年仍然一無所獲，普朗克承受的壓力也是巨大的，付出和回報似乎不成比例，能否取得成果還是未知數，難道要在這個問題上耗一輩子？

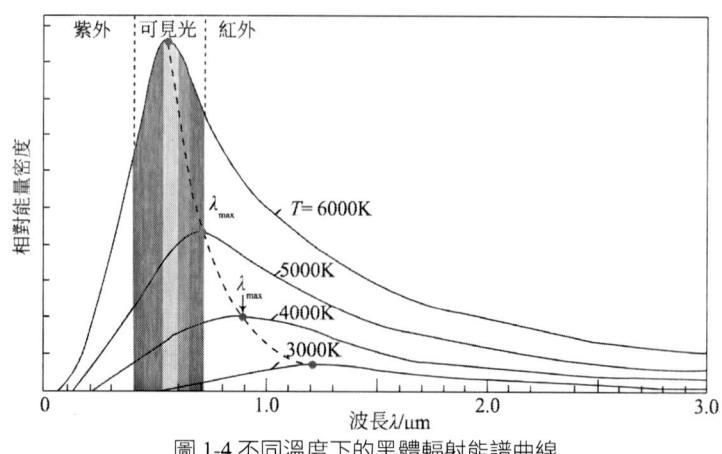

圖1-4 不同溫度下的黑體輻射能譜曲線

耗一輩子就耗一輩子！普朗克下定決心。解決一個重大問題勝過解決 10 個普通問題。普朗克知道，這個問題對整個物理學至關重要。他決定，無論付出什麼樣的代價，都要找到黑體輻射的理論解釋。

擴展閱讀

如果我們對比一下普朗克定律（Planck's law，Blackbody radiation law，也簡稱作黑體輻射定律）和維恩定律，就會發現普朗克僅僅在維恩定律的指數項後面減了個 1，這一點小小的變化，竟產生了天壤之別的結果。二者的區別如下。

維恩定律：$f(\lambda) = \dfrac{b}{\lambda^5 e^{\frac{a}{\lambda T}}}$

普朗克定律：$f(\lambda) = \dfrac{b}{\lambda^5 (e^{\frac{a}{\lambda T}} - 1)}$

式中：$f(\lambda)$ 是黑體輻射能量隨波長 λ 的分布函式；T 是溫度；e 是自然常數（$e = 2.718\cdots$）；a 和 b 是兩個經驗引數。

經過 6 年的研究，普朗克非常清楚，古典物理學是無法解決這個問題的。看來，必須要做出一些改變，這個改變是大是小，還不得而知，但是，必須邁出這一步。於是，普朗克決定拋棄古典物理的框架，先湊一個公式出來。不管公式的來由是什麼，先找到一個能符合實驗曲線的公式，然後再來尋找這個公式背後的物理內涵。

普朗克從維恩定律入手，結合 6 年來早已爛熟於心的實

第一篇　量子·起源

驗曲線，經過一番推敲，最後，利用數學上的內插法，他竟然真的湊出了一個公式，這個公式可以完全解釋整條黑體輻射曲線，分毫不差！這一結果讓普朗克欣喜若狂，但更讓他緊張焦慮，他已經看到了希望的曙光，但似乎又處在黎明前的黑暗中，他必須找到這個公式背後隱藏的物理奧祕，去迎接黎明真正地到來。

接下來的幾個星期，是普朗克一生中最忙碌最緊張的幾個星期，他的全部心思都花在了這個公式上面，他不滿足於僅僅出於湊巧找到這個公式，他的目標是把這個公式推導出來。他的大腦不停地高速運轉，日夜推算這個公式背後的祕密，漸漸地，一幅完全意想不到的圖景在他的腦海中清晰起來 ── 能量可以是不連續的嗎？他不斷地問自己。

在古典物理學中從來沒有人問過這個問題，或者說從來沒有人意識到這是一個問題。所有人都下意識地認為能量一定是連續的，就像我們在數學中處理一條光滑的曲線一樣，可以取到曲線上任意一點的值。但是，普朗克腦海中的圖景卻不斷地告訴他，要想把這個公式推導出來，能量就必須不連續！最終，普朗克痛苦地做出決斷，接受能量的不連續性，不管這和古典物理是多麼格格不入。

1900 年 12 月 14 日，在柏林科學院的會議上，普朗克宣讀了題為《黑體光譜中的能量分布》的論文，在這篇論文中，他提出了石破天驚的能量量子化假設：電磁輻射的能量不是

連續的，而是一份一份的。他將這一份一份的能量單元稱為「能量量子」。從此，量子理論正式誕生了。

在普朗克的假設裡，就像物質是由一個個原子組成的一樣，電磁波的能量其實也是由一份份能量量子組成，每個能量量子攜帶的能量可以用一個簡單的公式表示：

E=hυ

其中：υ 是電磁波頻率 a

；h 是普朗克提出的一個新的物理學常數，叫做普朗克常數（$h \approx 6.262 \times 10^{-34}$ J・s）。

a υ 為希臘字母，讀音為 /nju：/，相對應的另一個表示波長的字母 λ 讀音為 /'læmdə/。

能量量子化的概念，是一個全新的、從未有人想到過的概念，古典物理學的大廈裡，根本沒有這個概念的容身之處。普朗克的老師認為物理學的大廈即將完成，但是，也許普朗克自己都沒有意識到，他已經為一座新的大廈的奠基剷起了第一把鍬土，造出了第一塊磚，這座新的物理學大廈就叫量子力學。

量子力學這個名詞是和古典力學相對應的，古典力學就是牛頓力學，它研究的是宏觀世界裡物體的運動規律，而量子力學研究的則是微觀世界裡粒子的運動規律。宏觀和微觀的分界線，就取決於普朗克常數。

普朗克常數是量子力學的代表性常數，可以反映微觀系統的空間尺度、能量量子化特徵等，因此它也成為界定古典物理與量子力學適用範圍的重要引數。當普朗克常數的影響趨於零時，量子力學問題將會退化成古典物理問題。由於普朗克常數非常非常小（圖 1-5），因此，它對宏觀物體和宏觀運動的影響基本上等於零，這也是我們在日常生活中看不到量子效應的原因，所以人們才一直誤以為能量是連續的。也幸虧普朗克常數如此之小，才讓我們的日常世界井然有序、有章可循，如果你進入量子世界，那裡變幻莫測的混亂景象可能會使你徹底暈頭轉向、再無章法可依。當然，這一點，當時的物理學家們還都不知道，普朗克只是造出了第一塊磚，量子力學的大廈，還需要更多的天才物理學家們一點一點地構築。

擴展閱讀

在物理學的發展過程中，每當一個重大理論被提出的時候，總是有一個相應的代表性的普適常數出現。例如，牛頓力學中的萬有引力常數、熱力學與統計物理中的波茲曼常數（Boltzmann constant）、相對論中的真空光速，乃至量子力學中的普朗克常數。

這些常數不僅是相應理論的標誌，而且也能反映出各理論之間的關係。例如，物體的運動速率與光速的大小關係成

為判斷牛頓力學適用範圍的一個重要參照,只有當物體速度遠遠小於光速的時候,牛頓力學才是適用的;或者說,只有當物體速度接近於光速的時候,相對論效應才變得明顯。

圖 1-5 普朗克常數

 第一篇　量子・起源

光雨

　　1905 年是物理學史上非常重要的一年，這一年誕生的理論，奠定了整個 20 世紀物理學的基礎，而這些所有的理論竟然都是由同一個人提出來的，他就是阿爾伯特・愛因斯坦。

　　1905 年，愛因斯坦連續發表了 4 篇論文。這 4 篇論文每一篇都具有劃時代的意義 —— 第一篇解釋了光電效應，提出光子的概念，是量子理論的重大發展；第二篇解釋了布朗運動（Brownian motion），提供了原子存在的重要證明；第三篇提出了狹義相對論，相對論正式誕生；第四篇揭示了質能關係的深層本質，質能方程式 $E=mc^2$ 以其簡潔優美的形式風靡全世界，成為相對論的代名詞。後來，1905 年被稱為「愛因斯坦奇蹟年」。

　　這一年，愛因斯坦剛剛 26 歲。這一年，距離普朗克提出能量量子化的觀點已經過去了 5 年，但是在這 5 年中，量子理論沒有任何發展，歐洲各所大學的知名教授們，都還在忙碌地修補著古典物理學的大廈，沒有人能意識到能量量子化到底意味著什麼，普朗克的工作幾乎無人問津。連普朗克自己都陷入了深深的自我懷疑當中，他對黑體輻射公式的推導存在嚴重的內在矛盾，這讓他覺得能量量子化也許只是權宜

之計，難登大雅之堂，所以他一直在嘗試如何才能重新回到古典物理學的框架中去推導黑體輻射公式。

在這一年之前，誰也不會想到，全歐洲最有才華的物理天才竟然是瑞士專利局的一個小職員。此時的愛因斯坦，沒有加入任何學術組織，只與幾位熱愛科學與哲學的好友組織了一個叫做「奧林匹亞科學院」的讀書俱樂部。幾個年輕人都不是學術圈的人，他們有日常養家餬口的工作要做，但從「奧林匹亞科學院」這個頗有氣魄的名字就能看出，這是一群志向遠大的年輕人。他們擠出週末或者下班時間聚在一起，就他們感興趣的話題──哲學、物理、數學和文學──一邊讀書一邊討論。

愛因斯坦的學術之路之所以從專利局起家，並不是他不願意步入學術殿堂，而是沒有一所大學能接納他。愛因斯坦上大學的時候經常逃課，給老師留下了很差的印象。他不是不愛學習，而是認為老師講的東西都過時了，無法滿足自己的需求，於是就逃課躲到外面去自學。他通讀了克希荷夫、赫茲（Heinrich Rudolf Hertz）、波茲曼、勞侖茲（Hendrik Antoon Lorentz）、馬克士威等物理大師的著作，了解了物理學最前沿的內容，但是這對他的畢業考試並沒有太大的幫助，畢竟老師考的重點不在他的閱讀範圍之內，這導致他的畢業成績不佳。1900 年，也就是普朗克提出能量量子化的那一年，愛因斯坦大學畢業，當時他一心想留校做助教，但是他

第一篇　量子‧起源

的老師理所當然地拒絕了一個總是逃課的學生。然後他又給歐洲各所大學乃至中學發出了求職信，但都沒有回應。蹉跎兩年之後，他才在大學好友的幫助下找到了專利局技術員這樣一份工作，總算沒有淪落為一個無業青年。

工作和生活穩定下來以後，愛因斯坦終於不用再為養家餬口發愁了，他可以靜下心來，研究他心愛的物理學了，縱使只能在業餘時間做研究，但對他來說也已經是很難得了。他始終保持著敏銳的目光，追蹤著物理學的前端進展，對物理學的各個方向都有所研究。

「光」是愛因斯坦始終關注的一個焦點，無論是光的速度還是光的本性，都是他思考的問題。這期間，他既了解到普朗克對於黑體輻射問題的解決，也在思考著另一個奇怪的與光有關的難題——光電效應。

1887年，德國物理學家赫茲透過實驗首次證實了電磁波的存在，隨後，他又證明了光波就是電磁波，全面驗證了馬克士威的電磁理論。但是，赫茲在驗證古典電磁理論的同時，還發現了一個異常的實驗現象——光電效應。

光電效應，顧名思義，就是由光產生電的效應（圖2-1）。金屬是由原子構成的，原子又是由原子核和電子組成的。赫茲發現，用紫外線照射某些金屬板，可以將金屬中的電子打出來，在兩個相對的金屬板上施加電壓，被打出來的電子就會形成電流。這一現象引起眾多研究者的興趣，很快就得到

了大量的實驗結果,可是電磁波理論在解釋這些實驗結果時卻遇到了嚴重的困難。

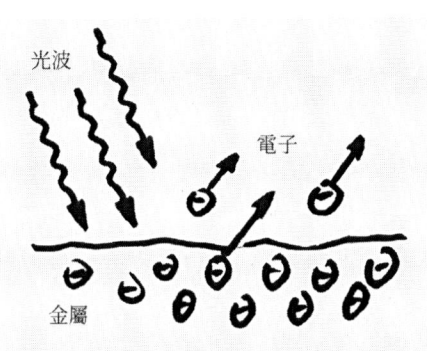

圖 2-1 光電效應示意圖

人們發現,決定能否打出電子的關鍵,不在於光的強度,而在於光的頻率。紫外線可以輕易從金屬中打出電子,而可見光卻不行。當時人們對此百思不得其解,因為按照古典的波動理論,波的強度便代表了它的能量,只要光強足夠,就能使電子獲得足夠的能量脫離金屬表面的束縛,所以應該任何頻率的光都能打出電子,可實驗結果卻是再強的可見光也打不出電子,與理論預測完全相反。

自光電效應被發現以來,已經過去了將近 20 年,但是這一難題仍然無人能解。正所謂初生之犢不怕虎,面對這樣公認的科學難題,年輕的愛因斯坦並沒有畏縮,他敏銳的直覺告訴他,古典的電磁理論主要描述宏觀上光的整體性質,而黑體輻射和光電效應本質上都涉及微觀上光的產生過程,既

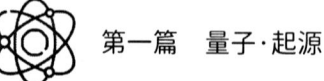
第一篇　量子·起源

然普朗克透過能量量子化解決了黑體輻射問題,那麼光電效應問題應該也可以從中獲得啟發。

為什麼光電效應中光的頻率這麼重要呢?愛因斯坦緊緊盯著普朗克的能量量子公式:

$$E=h\upsilon$$

從這個公式來看,能量量子攜帶的能量只與光的頻率 υ 有關,當光照射到金屬表面時,其實就是能量量子在不斷地衝擊金屬表面,那麼能量量子到底表示什麼呢?是一小段波?是最微小的振動?還是別的什麼?從普朗克的論文來看,普朗克並沒有給出能量量子的明確影像,而這幅影像,應該是至關重要的。

陷入沉思的愛因斯坦,彷彿老僧入定了一般,一動不動,沒有人能看得出來,他那天才的大腦正在高速運轉。漸漸地,他的眼前彷彿出現了一幅畫面:光的能量量子就像一顆顆子彈射向金屬內部,被子彈擊中的電子獲得了子彈的能量,便從金屬內部的束縛中掙脫出來。

有了!愛因斯坦一拍桌子,猛地站起身來,電子能不能被打出來,就完全取決於子彈到底能給電子提供多少能量!他激動地在屋子裡轉了幾圈,然後坐在桌子前拿起草稿紙,趕緊推演起來,很快,一個公式就躍然紙上:

$$電子動能 = h\upsilon - 電子逸出功(\text{Work function})$$

這個公式的意思是：能量量子給電子提供了大小為 hυ 的能量，這些能量除了要幫助電子掙脫金屬表面的束縛外（電子逸出功），剩下的就變成了電子的動能。

至此，能量量子的影像在愛因斯坦的頭腦中已經完全明確了，這一小份一小份的電磁輻射能量並不是一小段一小段的波，而是一個個粒子，這些粒子是不可分割的，只能被整個的吸收或者發射。愛因斯坦給這些能量點粒子起名為光量子，後來人們改稱為光子。

愛因斯坦的光子理論很好地解釋了光電效應。因為每一個光子的能量都是固定的 hυ，那麼光照射到金屬表面，電子所吸收的能量主要取決於單個光子的能量而不是光的強度，光的強度只是光子流的密度而已。因為可見光頻率低，其光子的能量不夠大，不足以克服電子逸出功，所以沒法打出電子。而紫外線頻率高，光子能量大，所以很容易打出電子。

愛因斯坦提出光子假設是很大膽的，因為當時還沒有足夠的實驗事實來支持他的理論。直到 1916 年，才有美國物理學家密立坎（Robert Andrews Millikan）對他的理論作出了全面的驗證。有趣的是，密立坎在做光電效應實驗時，本來是想推翻愛因斯坦的光子理論，所以他一直做了 10 年的實驗，10 年間，他不斷地提高實驗的精度，結果卻發現實驗精度越高，越能證明愛因斯坦的正確性，最後沒辦法，他只好承認了愛因斯坦的理論，而且還順便比較精確地測定出了普朗克常數的值。

第一篇　量子·起源

愛因斯坦在明確了光具有粒子性以後，隨後又進一步根據相對論提出了光子的動量公式：

$$p=h/\lambda$$

公式中，p 為光子的動量；λ 為光的波長；h 為普朗克常數。

1923 年，美國物理學家康普頓（Arthur Holly Compton）和他的學生透過康普頓效應的驗證實驗，證實了光子的確具有動量，為光具有粒子性提供了無可辯駁的證據。

關於光的本性，在歷史上曾經有過長期的爭論。在 17 世紀末，以牛頓為代表的粒子派和以惠更斯（Christiaan Huygens）為代表的波動派進行過長期論戰。18 世紀，人們發現了光的干涉、繞射等現象，波動說全面占了上風。19 世紀後期，隨著電磁理論的問世，人們明確了光就是電磁波，粒子論被徹底拋棄。結果沒過多少年，愛因斯坦又重新提出光子學說，明確了光的粒子性，那麼這一次，光的波動性又該如何看待？

事實上，愛因斯坦在光子理論的兩個公式中已經給出了答案。我們再來看一下這兩個公式：

$$E=h\upsilon\ (光子能量 = 普朗克常數 \times 光的頻率)$$

$$p=h/\lambda\ (光子動量 = 普朗克常數 / 光的波長)$$

這兩個公式看起來簡單，實際很不簡單。因為愛因斯坦透過這兩個公式把粒子和波連繫起來了：粒子的能量和動量是透過波的頻率和波長來計算的。也就是說，愛因斯坦把光同時賦予了粒子和波的屬性，光具有波粒二象性！

　　波粒二象性的發現，是人類對光的本質的認識的重大突破，由此帶來的「蝴蝶效應」，將使人類對物質世界的認識發生重大飛躍，這一飛躍，將在 18 年後由法國科學家德布羅意（Louis Victor de Broglie, prince, duc de Broglie）做出。而此時，德布羅意還只是一個 13 歲的小男孩，他正沉浸在歷史和文學的海洋中，立志將來要做一名歷史學家。

第一篇　量子‧起源

文科生的逆襲

　　1911年對於國際物理學界來說是一個重要的年分，因為這一年是歷史上最負盛名的物理學術盛會——索爾維會議（Conseils Solvay）首次召開會議的年分。參加這次會議的物理學家，大多數都是出現在當今物理教科書裡的人物，其陣容之豪華，堪比武俠小說裡的華山論劍。

　　這次會議是在比利時首都布魯塞爾舉辦的，由比利時的化學家兼實業家索爾維（Ernest Solvay）贊助。這次大會的主題是「輻射與量子」，由德高望重的荷蘭物理學家勞侖茲主持，專門討論剛剛登臺的量子論。顯然，物理學家們已經意識到了量子論對於古典物理學的衝擊，他們必須做一次深入的交流與討論，以掌握未來物理學的走向。但是，大多數科學家顯然還沒做好準備迎接新時代的到來，第一個做報告的是勞侖茲，他用德語、法語和英語三種語言輪流講演，講得極為精彩，但是，他演講的題目卻是「用古典的方法討論輻射問題」。

　　普朗克和愛因斯坦都參加了這次會議，這也是兩位巨星的首次會面。此時的愛因斯坦已經是布拉格大學的理論物理教授了。這次會議上，愛因斯坦終於說服了普朗克接受他的

光量子理論。要知道，在這之前，普朗克對光量子是持反對態度的。事實上，參加這次會議的大多數科學家都是反對光量子理論的，他們大都希望維持古典物理學的體系，唯獨居禮夫人是個例外，她堅定地支持愛因斯坦。雖然這是她第一次見到愛因斯坦，但她獨具慧眼，對愛因斯坦那透澈的分析能力極為欣賞。

對愛因斯坦來說，這次會議乏善可陳，除了和普朗克、居禮夫人、朗之萬（Paul Langevin）等幾位科學家結下了深厚的友誼之外，面對古典物理學的頑強反抗，他也無可奈何。事後，他對這次會議的總結是：「啥也沒討論出來。」

儘管當時「啥也沒討論出來」，但是，這次會議後來卻取得了一項「重大成果」──吸引了一位學歷史的青年學生改行攻讀物理學位，這個青年人就是路易‧德布羅意。

第一次索爾維會議的祕書是法國物理學家莫里斯‧德布羅意，他是研究 X 射線的專家，也是路易‧德布羅意的哥哥。莫里斯回家以後，把這次會議的見聞以及這些著名人物的辯論興致勃勃地給自己的弟弟講述了一番，還把會議數據拿給弟弟看。

路易‧德布羅意本來是學歷史的，但是他哥哥在家裡建了一座實驗室，耳濡目染之下，他對物理也有所了解。這一次，他哥哥講述的會議見聞讓他對這些物理大師嚮往不已，

第一篇　量子・起源

會議資料裡愛因斯坦和普朗克有關量子化概念的文章也讓他產生了極大的興趣，於是，這位歷史專業的學生決定放棄歷史，轉攻物理。

兩年後，德布羅意拿到了理學學士學位，這時候，第一次世界大戰爆發，德布羅意被徵召入伍，在巴黎的艾菲爾鐵塔軍用無線電報站服役了6年。1918年年底，一戰結束，德布羅意隨後退役。1919年，他回到巴黎大學跟隨朗之萬攻讀物理學博士學位。

博士生的研究工作需要靠自己獨立完成，導師只是提供一些參考意見，於是，德布羅意決定研究自己最感興趣的量子理論。

從1911年到1919年，短短8年間，隨著實驗證據的不斷出現，物理學界對愛因斯坦的光量子理論已經從普遍反對變成了普遍接受。愛因斯坦提出的光量子理論把原來不相干的波和粒子糅合在了一起，展現出波粒二象性的特點。但是，因為光是一個很特殊的東西，光子的靜止質量為零，光速又是所有速度的極限，所以大家也能接受光具有波粒二象性這樣的特殊性質，並沒有考慮這個性質是否具有普遍性。

德布羅意一直在認真思考光的波粒二象性，他隱約覺得這個現象並不簡單，背後或許隱藏著一些更深層次的奧祕，那會是什麼呢？他日夜苦思冥想。

時間一晃到了1923年。有一天，一絲亮光突然出現在他

的腦海中，於是德布羅意靈光乍現、頓悟天機：既然一度被視為波的光具有粒子性，那麼反過來，一直被認為是粒子的物質粒子會不會也具有波動性呢？

正所謂厚積薄發，靈感一旦到來，他的思路豁然開朗。德布羅意立刻意識到，波粒二象性應該具有普遍性，愛因斯坦1905年的發現應當得到推廣，運用到所有的物質粒子，特別是電子上。博士論文的課題，有了！

當然，德布羅意的觀點並不是泛泛的哲學觀點，他在博士論文裡面展開了大量的定量討論。經過近一年的努力，德布羅意在1924年完成了他的博士論文——《量子理論研究》。在論文中，德布羅意把愛因斯坦的公式原封不動地搬運過來，指出實物粒子在運動時，伴隨著波長為λ的波，粒子的能量和動量與波的頻率和波長有以下關係：

$$粒子能量\ E=h\upsilon$$

$$粒子動量\ p=h/\lambda$$

後來，人們把這種波叫德布羅意波，也叫物質波（Matter waves）。

德布羅意是採用類比的方法提出他的假設的，當時並沒有任何直接的實驗證據，所以，當他參加博士論文答辯的時候，在場的專家問他：「如何用實驗來證實你的理論呢？」

對於這個問題，德布羅意早就準備好了，他知道，答辯

第一篇　量子・起源

時一定會有人提出這個問題,所以他早就想好了回答:「如果讓電子透過晶體,它應該會產生一個可觀測的繞射現象,這樣就能證明它的波動性!」

但是,德布羅意自信滿滿的回答,並沒有完全打動評委。他的導師朗之萬和在場的 4 位評委都對這個大膽的假設充滿疑慮,如果授予他博士學位,萬一貽笑大方,導師也跟著丟人;可是如果不授予他學位,萬一他的想法是正確的,豈不是誤人終身?

面對這樣艱難的抉擇,朗之萬想到了愛因斯坦,他們在第一次索爾維會議上結識以後就成了好朋友,經常通訊連繫。於是,朗之萬決定暫緩公布結果,把論文寄給愛因斯坦,聽聽愛因斯坦的評價再做決定。

擴展閱讀

波的一個特性是遇到障礙物(如狹縫、小孔等)後會繞過其傳播,這就是繞射。只有在障礙物的大小與光的波長接近時,才能觀察到繞射現象。

如果在一塊平板上製作一系列極窄的平行狹縫,就構成了一個光柵,可以用來觀察光的繞射現象。

按照德布羅意波的公式計算,實物粒子的波長是非常小的。例如,電子在 1000 V 的加速電壓下,波長僅為 39 pm,

波長的數量級和 X 射線相近，所以用普通光柵很難檢驗其波動性。不過晶體倒是一種天然的光柵，因為晶體中原子有序排列可以形成晶面，同一方向晶面平行等距排列，類似於一系列平行狹縫，且「狹縫」間距與電子波長相近，因此可以用來檢驗電子的波動性。

很快，朗之萬就收到了愛因斯坦的回信。愛因斯坦不愧是愛因斯坦，他具有非凡的科學洞察力，他在回信中對論文給予了極高的評價，並寫道：「德布羅意揭開了物理學厚重大幕的一角。」這下子，德布羅意的博士學位終於穩了。

愛因斯坦認識到，德布羅意的發現具有重大意義，應該盡快將其成果向學術界推薦。幾個星期後，愛因斯坦就在自己撰寫的一篇論文專門介紹了德布羅意的工作。他寫道：「一個物質粒子可以怎樣用一個波長相對應，德布羅意先生已在一篇很值得注意的論文中指出了。」

愛因斯坦的推薦立刻引起了科學界的重視，實驗物理學家們開始尋找物質波。1927 年，英國科學家 G.P. 湯木生（Sir George Paget Thomson）讓電子穿過金箔，果然得到了電子的繞射影像（圖 3-1），而且波長與計算結果一致，證實了德布羅意波的存在。需要注意的是，一個電子在螢幕上只能打出一個亮點，電子繞射影像是由一個個電子的落點重疊起來而顯現出來的，這是德布羅意波與古典波的一個重要區別，其物理內涵我們將在後面介紹。

第一篇 量子・起源

　　實物粒子波粒二象性的發現,是量子力學史上一個重要的里程碑式的事件,量子力學的大廈,終於打好了地基,快要拔地而起了。

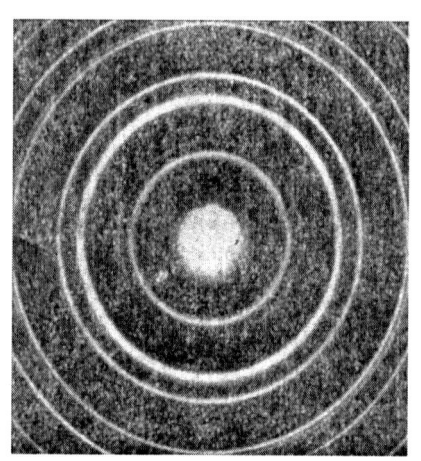

圖 3-1 電子繞射影像(樣品為金箔)

第二篇
量子・創立

第二篇　量子·創立

指紋玄機

著名的量子物理大師費曼（Richard Phillips Feynman）編寫的物理教科書《費曼物理學講義》（*The Feynman Lectures on Physics*）是風靡全世界的物理學經典教材，這部教材的開篇第一章就介紹了原子的運動。關於原子的重要性，費曼在書中寫道：「假如有一天由於某種大災難，人類所有的科學知識都丟失了，只能有一句話傳給下一代，那麼怎樣才能用最少的詞彙來傳達最多的訊息呢？我相信這句話是原子的假設：所有的物體都是由原子構成的 —— 這些原子是一些小小的粒子，它們一直不停地運動著，當彼此略微離開時相互吸引，當彼此過於擠緊時又互相排斥。」

原子是如此重要，所以對於科學家們來講，搞清楚原子的結構是了解物質世界的基礎。現在，我們在量子力學的幫助下，已經對原子的結構有了比較清楚的認知，但是，在1925年之前，物理學家們還處在迷茫之中，那時候，原子的結構還是一個深奧的科學難題。

我們周圍的物質都是由原子構成的，原子又是由帶正電荷的原子核和帶負電荷的電子構成的（圖4-1）。原子的半徑只有 0.1 nm 大小，一滴水裡就包含了大約 10 兆億個原子。

打個比方來說，如果把一個網球裡的原子放大到網球那麼大，那麼這個網球就會變得像地球一樣大！原子這麼小，是很難被人看到的，所以在歷史上關於原子是否存在曾經有過激烈的爭論。好在，現在科學家們藉助電子顯微鏡已經直接觀察到了原子，這已經是確定無疑的事實。

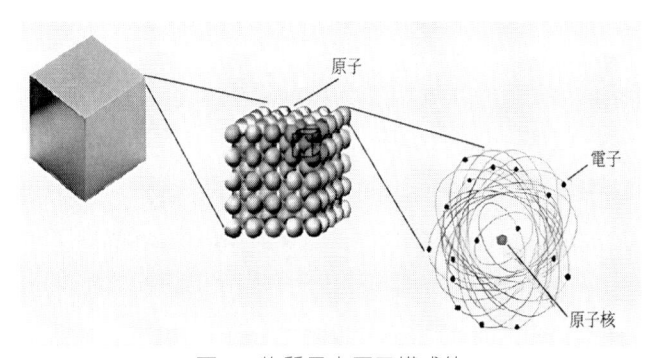

圖 4-1 物質是由原子構成的

原子核在原子的中心，它占據了整個原子質量的 99.99% 以上，而原子核的體積卻非常非常小。即使把原子放大到一個足球場那麼大，原子核也只有綠豆那麼小！電子在原子核周圍運動，電子更是小得幾乎沒有體積。也就是說，原子內部大部分地方都是空的。

由於原子實在是太小了，所以電子在核外到底如何運動就只能靠猜。當然，猜也不是亂猜，建構一個原子模型以後，必須能解釋已有的實驗現象，這樣才說明我們的猜測是有道理的。所以，一個合理的原子模型必須要能解釋一個很

第二篇　量子・創立

早就被發現的實驗現象——原子光譜 (atomic emission spectrum)。

大家都知道牛頓用三稜鏡分光的實驗，太陽光可以被分解為紅橙黃綠藍靛紫這樣連續的光譜。但是在 19 世紀中期，人們發現並非所有的光譜都是連續的，原子的光譜就不連續。人們發現，將物質氣化轉變成氣態原子，這時候再經過分光儀分光後，得到的光譜是一條條特定波長的分離的譜線，而且每一種元素的光譜都不一樣（圖 4-2）。

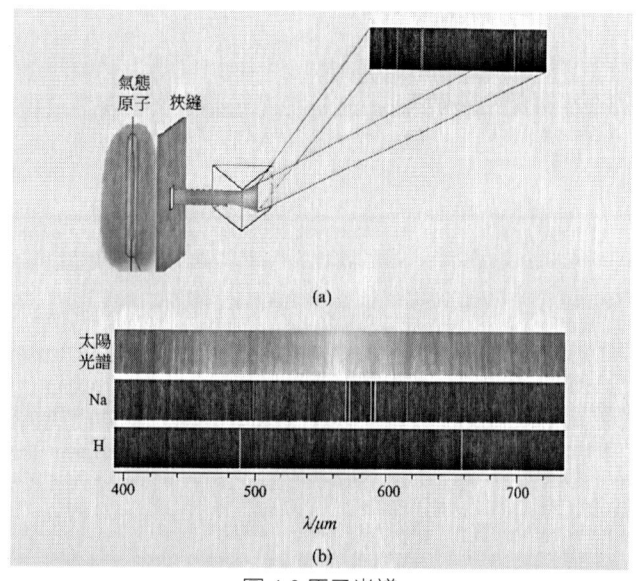

圖 4-2 原子光譜

(a) 原子發射光譜的測試原理；(b) 太陽的連續光譜和原子的線狀光譜

> 擴展閱讀

巴耳末（Johann Jakob Balmer）找到的公式如下：

$$\frac{1}{\lambda} = \left(\frac{1}{2^2} - \frac{1}{n^2}\right) \times 常數 \quad (n=3, 4, 5, 6)$$

其中，λ 是當時發現的氫的前 4 根譜線的波長。

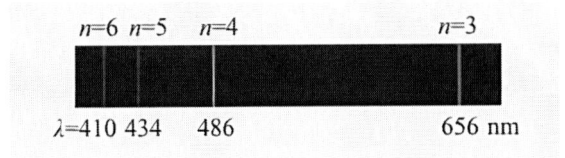

```
n=6 n=5  n=4              n=3
λ=410 434  486           656 nm
```

原子光譜就像人的指紋一樣，可以用來鑑定元素。在那個年代，透過原子光譜來確認新元素的發現是常用的手段，例如，居禮夫人發現鐳元素就是透過光譜鑑定出來的。但是，令人尷尬的是，雖然這一技術早已廣泛應用，其背後的原理卻還沒有搞清楚，人們弄不明白為什麼原子光譜是特定的譜線而不是連續的光譜。

古典物理學在這個問題上是無能為力的，雖然瑞士的一位中學數學教師巴耳末（Johann Jakob Balmer）在 1885 年找到了氫原子譜線的一些規律，但是他所找到的規律完全是依靠數學直覺，就像我們平時在一堆雜亂的數字中尋找規律一樣，其中沒有任何物理依據，沒有人知道為什麼會有這樣的規律，也沒法從理論上給予解釋。

第二篇　量子・創立

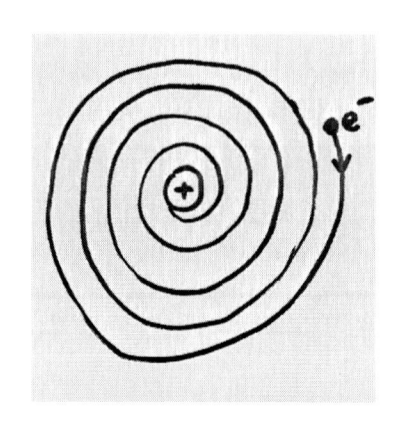

圖 4-3 拉塞福原子模型面臨的塌陷問題

1911年，英國物理學家歐尼斯特・拉塞福（Ernest Rutherford, 1st Baron Rutherford of Nelson）發現了原子核，並提出了原子的太陽系模型。他把原子類比為一個微型的太陽系，電子被帶正電的原子核吸引，圍繞原子核進行軌道運動，就像行星圍繞太陽執行一樣。這個模型看起來很美好，宇宙中的極小（原子）和極大（星系）有著相似的執行規律，顯示出自然界的和諧。但是，理想很美好，現實很殘酷，這個模型存在巨大的困難，按古典電磁理論，電子在繞核運動的途中會釋放能量，軌道也會逐漸變小，最後掉到原子核裡，原子轉瞬之間就會毀於一旦（圖4-3）。但事實上這一切都沒有發生，物質世界執行得井然有序，這只能說明這個模型存在著巨大的缺陷。

1912年4月，27歲的丹麥物理學家尼爾斯・波耳（Niels Henrik David Bohr）來到拉塞福的實驗室訪學。波耳在一年前剛剛博士畢業，並到英國劍橋大學去訪學，但是在劍橋大學他沒有找到合適的研究方向，恰好拉塞福去劍橋大學做講座，講了他新提出的原子結構太陽系模型，波耳立刻被這個

迷人的模型吸引住了，於是追隨到拉塞福門下來求學。

雖然在拉塞福門下訪學只有4個月，但這4個月讓波耳詳細地了解了拉塞福模型的結構以及其中的疑難。回到丹麥後，他繼續潛心研究，希望破解原子結構的奧祕。這時候，波耳已經有了用量子理論來解釋原子結構的想法，但是還沒有一個清晰的思路。有一次，他和同事閒聊的時候，同事建議他把原子模型和氫原子光譜連繫起來考慮，並讓他關注一下巴耳末公式。正所謂一語點醒夢中人，當波耳一看到巴耳末公式，他一下子就把原子譜線和能量量子化對應起來了，一幅物理圖景在腦海中悄然浮現，一切都再清楚不過了。

1913年，波耳終於成功了，他引入能量量子化和光量子的觀點，指出原子軌域的能量是量子化的，電子只能存在於能級不同的分立的軌道上。這樣，電子的能量變化只能從一個能級突變到另一個能級，這個變化過程是不連續的，是突躍式的，沒有中間的過渡狀態，所以叫做躍遷。電子在不同軌道能級之間躍遷的時候，能量變化是固定的，而且能量是以光子形式輻射或吸收的，光子的能量為

$$\Delta E = h\upsilon$$

式中，ΔE是兩個躍遷軌道的能量之差，也就是光子的能量；υ為光子的頻率。由於不同軌道的能級差是固定的，於

是就只能發出特定波長的光子，形成分離的譜線，如圖 4-4 所示。

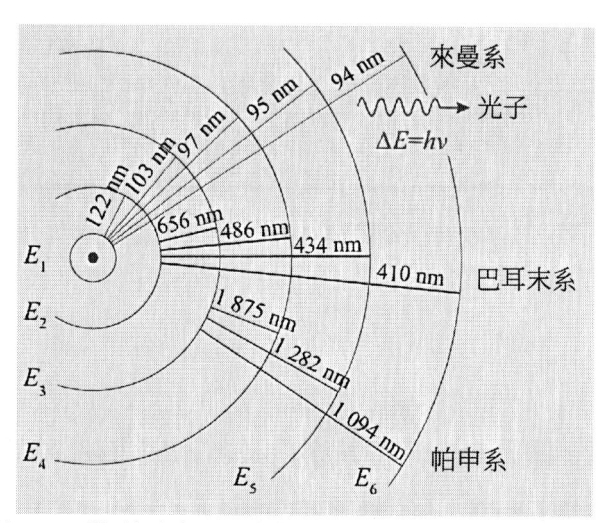

圖 4-4 波耳原子模型解釋氫原子光譜示意圖，電子在各個軌道能級間躍遷會吸收或放出不同波長的光子，從而形成原子光譜

波耳利用量子理論成功地解釋了氫原子光譜，揭示了原子的結構，從而一躍成為量子領軍人物。但是，他的模型也有明顯的缺點。例如，原子軌域的能量量子化只是作為人為規定放在那兒，顯得太過生硬，另外，它也只能解釋氫原子的光譜，對其他原子的光譜則會出現很大的偏差。所以，原子的奧祕還沒有被真正的揭示，還需要等待量子理論的進一步發展。

這一晃就是十幾年，時間很快來到了 1925 年。

在愛因斯坦的大力推動下，德布羅意關於物質粒子波粒二象性的工作引起了物理學界的普遍關注。1925年年底，蘇黎世大學物理系主任德拜聽說了這一消息，他知道本系教授埃爾溫·薛丁格（Erwin Rudolf Josef Alexander Schrödinger）正在做量子統計方面的研究，熟悉量子領域，就請他為大家做一次報告，將德布羅意的物質波理論介紹給全系教師。

德拜沒有找錯人，薛丁格當時已經了解了德布羅意的工作。那段時間，薛丁格為了研究玻色-愛因斯坦統計（Bose-Einstein statistics，參見第8章），曾經多次與愛因斯坦通訊進行討論，並且從愛因斯坦的論文中了解到了德布羅意波。他在1925年11月3日寫給愛因斯坦的信中說：「幾天前我懷著最大的興趣閱讀了德布羅意富有獨創性的論文，並最終掌握了它。我是從您那關於簡併氣體的第二篇論文的第8節中第一次了解到它的。」

薛丁格是一個嚴謹而認真的人，為了這次報告會，他重新研讀了德布羅意的論文，弄清了每一個細節。果然，到了彙報那天，他做了一個清晰而漂亮的報告，自己頗為滿意。但是，德拜聽完之後，卻不屑地點評道：「討論波動而沒有一個波動方程，太幼稚了。」

言者無心，聽者有意，一句話點醒了薛丁格。薛丁格意識到，這的確是德布羅意學說的不足之處，但這同時正是自己建功立業的好機會，他馬上投入到了波動方程的尋找中。

第二篇 量子・創立

幾個星期後,他就成功了,這個方程也自然被命名為「薛丁格方程式(Schrödinger equation)」。薛丁格首先為物質波定義了一個波函數(Wave function),然後透過薛丁格方程式描述波函數隨時間的演化過程,由此可以獲知量子體系的狀態變化。他很快就發表了幾篇論文,一舉成為量子力學的奠基人。薛丁格的理論以薛丁格方程式為核心,用波函數描述物質波,所以被人們稱為波動力學。

擴展閱讀

求解氫原子的薛丁格方程式,可得到電子的能量為

$$E_n = -\frac{1}{n^2} \times 13.6 \text{ eV} \ (n=1, 2, 3, \cdots)$$

式中,n 是在求解過程中自然引入的引數,只能取正整數,稱為量子數。eV 叫做「電子伏特(electron volt)」,是一種很小的能量單位,表示 1 個電子透過 1 電壓加速後所獲得的能量。

因為將電子離核無窮遠時的位能定為 0,所以電子能量都是負值。可以看出,由於 n 只能取正整數,所以電子的能量只能取 -13.6 eV、-3.4 eV、-1.51 eV 等這樣離散的數值,而不可能是別的數值,這就說明它的能量是量子化的。

n= ∞............E=0

n=4 ——— E= -0.85 eV

n=3 ——— E= -1.51 eV

n=2 ——— E= -3.4 eV

n=1 ——— E= -13.6 eV

事實上,薛丁格方程式並不是從理論上推導出來的,而是作為假設提出來的。憑藉深厚的數學和物理功底,薛丁格從古典力學和幾何光學的對比入手,分析物質波的波動方程式(wave equation)應該具有的特點,從而提出了薛丁格方程式。那麼,人們憑什麼相信它呢?關鍵就在於,薛丁格在論文中建立了氫原子的薛丁格方程式並求解,求解結果與原子光譜實驗測定值吻合得非常好,而且也為波耳模型中生硬的能量量子化假設找到了理論依據——量子化的得出是由薛丁格方程式「自然地」求解得到的,而不像波耳那樣是人為「強加」給粒子的,這樣對能量量子化的解釋就更為合理和順暢。

在波耳的原子模型中,電子像「行星繞日」一樣在環形軌道上執行,這是一種假想,並沒有科學依據;而在薛丁格的模型中,透過求解薛丁格方程式得到的波函數來描述電子的運動狀態,更為科學。雖然二者是明顯不同的,但是為了方便,人們仍然沿用了當初「軌道」的叫法,把電子的波函數稱為「原子軌域(atomic orbital)」。那麼,波函數是如何描述電子的運動狀態的呢?這一點,需要等到波函數的物理意義被真正揭示以後才能水落石出。

第二篇　量子・創立

原來是骰子

　　科學的發展從來都不是一帆風順的,薛丁格雖然找到了物質波的波動方程式,並用波函數來描述物質波,獲得了巨大的成功,但是關於波函數的物理意義,卻在物理學界引起了激烈的爭論。

　　波是人們很早就注意到的一種現象,將石子投入水中,水面會上下起伏,發生振動,振動由近及遠向四周水面擴散,就形成了水面波。敲鐘時,撞擊引起周圍空氣的振動,此振動在空氣中不斷傳播,就形成聲波。於是,人們就把以一定速度傳播的振動叫做波。古典的波動是機械波(Mechanical wave),它需要傳播介質,可以擴散和消失,會在空間中瀰散開來。

　　我們覺得機械波很好理解,是因為它是一種真實的波動,物理學家們用波函數來描述機械波仲介質質點振動時的位移變化規律。

　　為了描述物質波,薛丁格也要為其找一個波函數,於是他提出一條基本假設:一個粒子的運動狀態可以用一個座標波函數 ψ (x, y, z, t)來描述 a。

　　a ψ 為希臘字母,讀音為 /psai/,另一個相似的字母 φ 讀音為 /fai/。

之所以稱作座標波函數，是因為波函數的數值是隨著座標變化的，不同座標點的數值是不一樣的。顯然，在某一時刻 t 下，在空間中每一點 (x, y, z) 上波函數都有一個數值，也就是說，波函數表示的是粒子在空間中的一種存在狀態，所以現在人們更願意稱之為態函數 (state function)。但薛丁格堅持認為，他的波函數代表一種真實的物理波動，一個個的粒子只不過是這種波動的凝聚的展現。他的看法遭到了以波耳為代表的很多物理學家的反對。

古典的波動是需要傳播介質的，波動事實上就是介質的振動，但是，物質波不需要任何傳播介質，因為做驗證電子波動性的實驗時，是在高真空條件下進行的。因此，很多物理學家都對薛丁格的真實波動圖景表示懷疑。

1926 年 9 月，波耳邀請薛丁格到哥本哈根進行學術演講，介紹他的新理論。報告結束後，波耳留薛丁格住了下來，日夜探討這一理論。討論過程中，波耳對薛丁格的波函數詮釋發起強烈質疑。我們現在知道，薛丁格的詮釋是錯誤的，可想而知，他面對波耳的質疑，很難自圓其說。

自己嘔心瀝血得到的新理論，受到了量子權威人物的質疑，任誰也不能不著急，薛丁格急火攻心，病倒了。他躺在床上，由波耳夫人照料他的生活。但即便如此，波耳仍然坐在他的床邊，繼續對他說：「但是你肯定理解，你的物理解釋是不充分的……」

第二篇　量子・創立

薛丁格簡直要絕望了,他閉著眼睛,痛苦地說:「我真後悔,我為什麼要搞這個量子理論……」

波耳一看情勢不對,趕緊安慰道:「我們所有人都感謝你。你的波動力學在數學上清晰簡單,這是一個巨大的進步。只是,有一些問題是必須搞清楚的……」

那麼,如果薛丁格對波函數的物理詮釋不正確,到底什麼才是正確的詮釋呢?

答案很快就揭曉了——機率!

1926 年,德國哥廷根大學物理系教授馬克斯・玻恩(Max Born)給出了一個可以讓人接受的詮釋,他認為,波函數並不像古典波一樣代表實在的波動,他只能代表粒子在空間出現的統計規律:「我們不能肯定粒子在某一時刻一定在什麼地方,我們只能給出這個粒子在某時某處出現的機率,因此物質波是機率波,物質波在某一地方的強度與在該處找到粒子的機率成正比。」

玻恩給出的波函數的具體的物理詮釋是:波函數 $\psi(x, y, z, t)$ 的絕對值的平方 $|\psi(x, y, z, t)|^2$ 代表 t 時刻在空間 (x, y, z) 點發現粒子的機率密度。

在古典物理學中,波的強度正比於振幅的平方。現在,$|\psi|^2$ 表示概率密度(即機率波的強度),因此波函數 ψ 可以看作是機率波的振幅,簡稱機率振幅或機率幅。

總結一下，波函數已經出現了幾種不同的叫法 —— 波函數、態函數、機率幅；叫波函數是因為它能描述粒子的波動性，叫態函數是因為它能描述粒子的量子狀態，而叫機率幅是因為它的平方反映機率波的強度。這三種不同的叫法從不同側面反映出波函數所蘊含的物理內涵。

這樣，機率作為一種基本法則進入了物理學，物質波只是一種機率波，並非真正的物理波動，波函數只允許計算在某個位置找到某個粒子的機率。對某一物理量進行測量，只能預測出現某一結果的機率，卻不能預測一定會得到什麼結果。

玻恩找到波函數的機率詮釋以後，原子中電子運動的祕密終於被破解了。原子軌域波函數給出的是電子在空間某點的機率幅，波函數的平方決定了電子出現在這個點的機率密度。將波函數的平方作圖，就能看出電子在原子核周圍空間的機率密度分布，這就是我們通常所說的「電子雲」。

電子雲的影像並不容易在紙面上表現出來，它本身應該是一個三維空間影像，以原子核為中心，周圍空間中每一個點都有一個具體的機率密度數值。為了表現這些數值的大小，人們想到了一個辦法，將每一點的機率密度數值與顏色深淺相對應，顏色越深的點表示機率密度越大，越淺的點表示機率密度越小。為了方便觀察，通常只畫出透過原子核的二維截面，如圖 5-2 所示。

第二篇　量子・創立

> **擴展閱讀**

波函數在很多情況下都是複數。任意一個複數 z=a+bi 可以表示成複平面上的一個向量，此向量的長度是 $\sqrt{a^2+b^2}$，稱為複數 z 的模或絕對值，記為 |z|（如圖 5-1 所示）。顯然，複數的模的平方 $|z|^2=a^2+b^2$。如果 z 是一個實數，則 $|z|^2=z^2$。

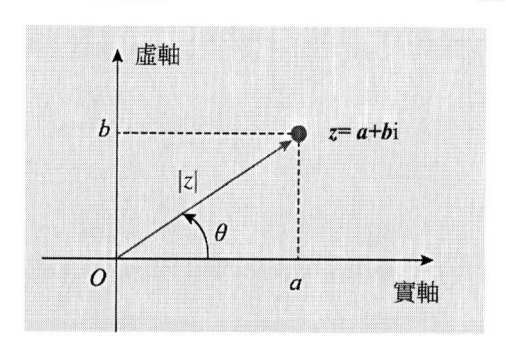

複數在複平面中的表示（a 是實部，b 是虛部，i 是虛數單位，$i^2=-1$，|z| 是模）

如果用一句話來描述核外電子的運動規律，那就是：電子沒有固定的運動軌跡，只有機率分布的規律。

值得一提的是，玻恩依靠量子力學，系統地建立了固體的晶格動力學理論。1950 年代，玻恩與半導體物理奠基人黃昆先生合著的《晶格動力學理論》（*Dynamical Theory of Crystal Lattices*），一直是固體物理領域的權威著作。

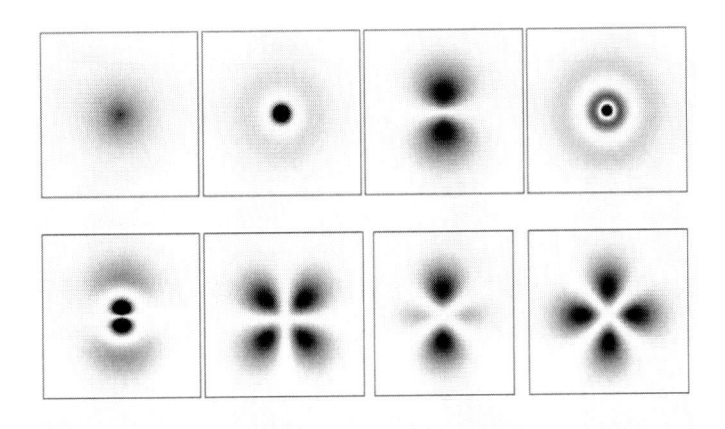

圖 5-2 不同原子軌域的電子雲圖

第二篇　量子・創立

男孩們的物理學

　　1925 到 1928 年,是量子力學史上最輝煌的年代,短短幾年之間,量子力學理論迎來「爆發」發展。回顧歷史,薛丁格在 1926 年建立的波動力學,並不是歷史上首次出現的量子力學的數學表示形式。事實上,在薛丁格之前大約半年,德國物理學家維爾納・海森堡（Werner Karl Heisenberg）已經提出了量子力學的一種數學表示形式,由於它主要依靠矩陣來描述物理量,所以被稱為矩陣力學。

　　建立矩陣力學時,海森堡只有 24 歲,還是一個大男孩。海森堡從小就很有數學天分,13 歲時就掌握了微積分。1920 年,19 歲的海森堡中學畢業,進入慕尼黑大學攻讀物理學,師從著名理論物理學家索末菲（Arnold Johannes Wilhelm Sommerfeld）。在讀大學的第一學期,海森堡就對當時還沒解決的物理難題——反常塞曼效應提出自己獨到的見解,令索末菲刮目相看,直接把他升到研究生班攻讀博士學位。海森堡對時間、空間、原子結構、量子理論等大題目很感興趣,也願意投入精力研究,但是,索末菲認為海森堡應該加強基礎訓練,就給他選定了一個流體力學方面的題目作為博士課題進行研究。海森堡對流體力學並不喜歡,但為了畢業,只好硬著頭皮搞研究。1923 年,他終於寫出題為《關於流體流

動的穩定和湍流》的博士論文，雖然博士答辯時結結巴巴，有一些簡單的問題也沒答上來，但總算拿了個及格分勉強過關，取得了博士學位。

博士畢業後，海森堡就拋開流體力學，全身心地投入到量子理論的研究中。事實上，早在博士畢業前一年，他就下定決心要研究量子理論，而這一切，要從他與波耳的一次散步開始說起。

那是1922年初夏，波耳應邀到德國哥廷根大學講學，報告他的原子結構理論。那時候的波耳，已經是量子學派的掌門級人物，他在丹麥首都哥本哈根建了一個理論物理研究中心，向全世界開放。那是廣大青年學子心中的量子聖地。聽聞波耳前來德國演講，索末菲特意帶著他的得意門生海森堡趕到哥廷根去聽講。

海森堡學過波耳的原子結構理論，知道相關內容，但是聽波耳本人親自講，卻似乎完全不同了。海森堡清楚地意識到，波耳所取得的研究成果首先靠的是直覺和靈感，然後才有計算和論證。這讓他深受啟發。

波耳的量子理論還存在很多難以解決的困難，在波耳演講結束後，海森堡提了一個與波耳意見相左的問題，這立刻引起了波耳的注意，發覺這是一個可造之才，演講結束後，便邀他一起去郊外散步。這次散步，波耳與海森堡足足談了3小時，波耳對海森堡坦誠相見，並不掩飾他對於自己理論

的困惑與煩惱,這讓海森堡頗為意外,海森堡這才意識到,量子理論才剛剛起步,還有大片的未知領域等待開發,在這一刻,他就下定決心要把發展量子理論作為終生的事業。散步結束後,波耳邀請海森堡有機會去他那裡訪問。

這一別,就是兩年。1923 年,海森堡博士畢業後,先來到哥廷根的玻恩門下擔任助手。當時玻恩正在思考如何解決波耳的理論沒法解決的多電子原子的量子化的問題,這正是海森堡感興趣的方向。

擴展閱讀

矩陣就是一個矩形排列的數值表,一般是 n 行 n 列,例如,下面的 A 和 B 就是兩個 2 行 2 列的矩陣:

$$A = \begin{pmatrix} 1 & 2 \\ 3 & 4 \end{pmatrix}, \quad B = \begin{pmatrix} 5 & 6 \\ 7 & 8 \end{pmatrix}$$

矩陣除了可以進行加減乘除這樣的計算,它還具有一些特殊的操作,如行列相互調換等。矩陣操作能用於對多個變數在多次觀測中的複雜關係進行求解。

矩陣有一個重要的性質就是不滿足乘法交換律,例如,上面兩個矩陣相乘,AB ≠ BA(讀者可試著找找其中的乘法規則):

$$AB = \begin{pmatrix} 19 & 22 \\ 43 & 50 \end{pmatrix}$$

$$BA = \begin{pmatrix} 23 & 34 \\ 31 & 46 \end{pmatrix}$$

矩陣乘法的不可交換性是量子力學裡算符不可交換性的數學基礎,會導致完全無法用古典力學理解的量子效應,如海森堡不確定關係(見第 7 章)。

1924 年,波耳給海森堡爭取到一筆獎學金,海森堡終於來到波耳門下,與波耳一起工作。在波耳的悉心栽培下,海森堡進步神速。第二年,他就發明了一種用「表格」來處理原子光譜的量子力學方法。當他把論文寄給玻恩看時,玻恩立刻發現,海森堡發明的「表格」其實就是數學中的矩陣,而且海森堡的方法意義重大,據此可以建立一整套量子力學的新理論。玻恩十分興奮,他立刻聯手另一位數學家約爾旦(Ernst Pascual Jordan),和海森堡一起,很快就發展出矩陣力學理論。海森堡也由此一躍進入頂尖量子物理學家的行列。

矩陣力學雖然搶先登場,但是運用的數學太過複雜,物理含義太過抽象,讓物理學家們很是頭疼。而薛丁格方程式是一個偏微分方程,是物理學家們熟悉的數學形式,所以當波動力學出現以後,立刻受到了普遍的歡迎。

短短半年之內,一下子出現兩種量子力學,真是讓人無

所適從，兩種看起來完全不同的理論都能解釋相同的實驗現象，這實在是令人費解的。到底誰對誰錯呢？誰的孩子誰心疼，一開始，薛丁格和海森堡兩人都為自己的理論辯護，認為只有自己才是正確的，排斥對方的理論。薛丁格在他的一篇論文中宣告：「我絕對跟海森堡沒有任何繼承關係。我自然知道他的理論，但那超常的令我難以接受的數學，以及直觀性的缺乏，都使我望而卻步，或者說將它排斥。」海森堡也在寫給朋友的信中說他發現薛丁格理論是「令人厭惡的」。

但是，要想駁倒對方，就要了解對方。正所謂知己知彼，百戰不殆。薛丁格為了駁倒海森堡，開始仔細研究海森堡的理論，結果這一研究才發現，原來是大水衝了龍王廟，一家人不識一家人，這兩種理論在數學上竟然是等價的。1926 年，薛丁格證明，任何波動力學方程式都可變換為一個相應的矩陣力學方程式，反之亦然。這一發現終於化干戈為玉帛，此後，兩大理論便統稱為量子力學。

簡單來說，量子力學的這兩種數學形式，展現了「波粒二象性」的不同表現：矩陣力學外表描述粒子，將波動性隱藏其中；波動力學則相反，外表描述波動性，而將粒子性隱藏起來。所以二者乍一看好像毫無共同之處，其實是一樣的。

1928 年，英國物理學家保羅・狄拉克（Paul Adrien Maurice Dirac）補上了最後一塊拼圖，他運用數學變換理論，把波動力學和矩陣力學統一了起來，使其成為一個概念完整、邏

輯自洽的理論體系，自此，量子力學終於正式建立起來了。圖 6-1 梳理了量子力學建立的歷史脈絡。

狄拉克自幼聰穎，16 歲就上了大學，讀電機工程專業。在大學期間，他對愛因斯坦的相對論非常感興趣，雖然年紀不大，但是他把廣義相對論裡的黎曼幾何（Riemannian geometry）都搞得一清二楚。要知道，黎曼幾何是相當艱深的，很多物理學者都望而生畏。而當大多數物理學者還只能欣賞相對論的時候，狄拉克已經在求解愛因斯坦重力場方程式了（Einstein field equations）。

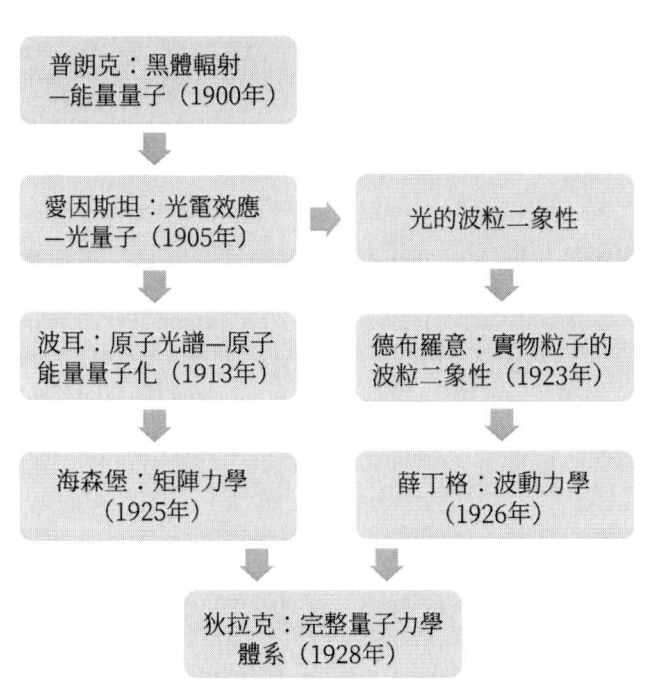

```
普朗克：黑體輻射
—能量量子（1900年）
        ↓
愛因斯坦：光電效應     →   光的波粒二象性
—光量子（1905年）
        ↓                      ↓
波耳：原子光譜—原子        德布羅意：實物粒子的
能量量子化（1913年）        波粒二象性（1923年）
        ↓                      ↓
海森堡：矩陣力學            薛丁格：波動力學
（1925年）                  （1926年）
            ↘           ↙
         狄拉克：完整量子力學
            體系（1928年）
```

圖 6-1 量子力學建立的歷史脈絡

第二篇　量子·創立

19歲時，狄拉克獲得了工程學位，但是，他並沒有就業，而是轉到了數學系，繼續攻讀數學學位，很快，數學系的老師和同學就對他的數學能力刮目相看。

有一次，一位老師正在講課，黑板上已經寫滿密密麻麻的符號和公式，同學們都在忙著埋頭記筆記。這時候，老師卻突然不講了，盯著黑板發愣，同學們這才發現，課講不下去了，推導出現了矛盾，沒法繼續講了。老師看了好一會兒也沒找出原因，只好求助狄拉克：「哪裡出了錯，你能把它指出來嗎？」狄拉克不慌不忙地走到講臺上，不但把錯誤指了出來，還說出如何去更正它。原來，狄拉克早已注意到這個錯誤。

在數學系的3年，狄拉克不僅打下堅實的數學基礎，還從數學的角度反覆地思考物理學。他意識到，要想用最簡潔的語言表述自然規律，最好的方法就是利用數學。

1923年，狄拉克到劍橋大學讀研究生，研究相對論，第二年畢業後繼續留校做研究。1925年，海森堡來到劍橋大學做演講，他介紹自己最近所寫的關於矩陣力學的論文。這次演講立刻引起了狄拉克的興趣，他決定把研究方向從相對論轉向量子力學。

1926年9月，狄拉克到波耳的理論物理研究中心訪問，在這裡待了半年多。1927年2月，他又到了德國哥廷根大學，在此也待了半年並結識了玻恩等人。同年10月，狄拉克回到劍橋。這時候，恐怕沒有人意識到，這位年僅25歲的

年輕人，已經對相對論和量子力學瞭如指掌。正所謂厚積薄發，第二年，他就做出了諾貝爾獎級別的貢獻，他把相對論引入量子力學，建立了狄拉克方程式。

狄拉克早就發現，薛丁格方程式首先不具備相對論條件下的協變性質，不適用於超高速運動的粒子；其次沒有把電子的自旋性質囊括進去，而電子的自旋，就像它的質量、電量一樣，也是電子的重要性質。經過不斷地嘗試，他終於發現了相對論形式的薛丁格方程式，也就是狄拉克方程式。這一方程不但解決了上述兩個問題，還預言了反物質的存在，使量子力學理論登上了一個新的高度。

霍金曾這樣評價狄拉克的貢獻：「狄拉克闡述了任何系統的量子力學的一般規則，這些規則結合了海森堡和薛丁格的理論並指出它們的等價性。在現行量子力學的三個奠基人中，海森堡和薛丁格的功勞使他們各自看到了量子理論的曙光，但正是狄拉克把他們看到的交織在一起，並揭示了整個理論的影像。」

擴展閱讀

與牛頓方程式比肩 ── 薛丁格方程式

薛丁格方程式在量子力學中的作用，相當於牛頓方程在古典力學中的作用。處理量子力學問題，首先就是寫出薛丁格方程式，然後進行求解，可解出能量與波函數，進而可求

其他可觀測量。正是透過對薛丁格方程式的求解，人們認識到了微觀世界許多奇異的量子特性。所以，讓我們一起來欣賞一下這個偉大的方程式。

薛丁格方程式是由兩個能量算符作用於波函數上構成的恆等式：

$$\hat{H}\psi = \hat{E}\psi$$

式中，Ht 和 Et 都是能量算符；Ht 是用動能與位能之和表示的能量算符，也叫哈密頓算符（Hamiltonian）；Et 是用時間表示的能量算符；ψ 是體系的波函數，即 ψ（x, y, z, t）。如果給定粒子的初始狀態，就可以通過薛丁格方程式求解出任一時刻的狀態，也就是說，薛丁格方程式描述了波函數隨時間的演化過程。

上面的式子看起來很簡單，但是如果把兩個能量算符的具體形式代入，它就變成了下面的樣子：

$$\left[-\frac{\hbar}{2m}\left(\frac{\partial^2}{\partial x^2} + \frac{\partial^2}{\partial y^2} + \frac{\partial^2}{\partial z^2}\right) + \hat{V}\right]\psi = i\hbar\frac{\partial}{\partial t}\psi$$

式中，$\hat{V}$ 是位能算符；$\hbar = h/2\pi$，稱為約化普朗克常數（因為量子力學中經常用到 h/2π 這個數，為了書寫方便，將其記為 $\hbar$）。

這是一個複雜的偏微分方程式，對於本書的讀者來講，

沒有必要去深究其數學上的細節，我們只要知道這是一個微分方程式就行了。微分方程式是牛頓的天才性創造，它可以把一個複雜的運動過程分解為無窮多個微小的部分來研究，微分方程也因此成為物理學中最基本的方程形式。無論是牛頓力學，還是量子力學和相對論，都離不開微分方程式。

看到這裡，讀者可能心裡還在疑問，到底什麼是算符呢？算符其實並不難理解，它就是把一個函式變成另一個函式的運算子號，如相乘、開方、求導等都是算符。根據量子力學的算符假設，微觀體系的每一個「可觀測量」（如座標、動量、角動量、能量等）都與一個算符相對應，算符用該物理量加一個倒三角來表示（例如，座標 x 的算符記為 $\hat{x}$，動量 p 的算符記為 $\hat{p}$，位能 V 的算符記為 $\hat{V}$）。

讀者要問了，為什麼要規定這些算符呢？在此處，引入算符的目的是運算。算符的運算對象主要是波函數，根據基本假設，把一個物理量的算符作用在波函數上進行運算，如果結果正好等於一個常數乘以這個波函數，那麼這個常數就是這個物理量的本徵值，這個波函數就叫做本徵態。

例如，把能量算符（哈密頓算符）作用在氫原子的 1s 軌道波函數上，正好等於 -13.6 eV 乘以 1s 軌道波函數，即

$$\hat{H}\,\psi_{1s} = -13.6 \text{ eV} \times \psi_{1s}$$

那我們就說，氫原子 1s 軌道電子的能量等於 -13.6 eV，

這是能量的本徵值，ψ_{1s} 是能量的本徵態。

每一個算符都對應一系列本徵態和本徵值，本徵值對應著該物理量的可能的觀測結果。在本徵態下測量此物理量，將測得確定的本徵值；在非本徵態下測量此物理量，測量結果不確定，但必為某一個本徵值，且測量以後波函數塌縮到該本徵值對應的本徵態。

在量子體系的諸多狀態之中，有一類特殊的狀態，那就是能量取確定值的狀態，稱之為定態。定態下能量的取值不隨時間變化，機率分布也不隨時間變化，對應的波函數 $\psi(x, y, z)$ 不含時間，稱為定態波函數。於是含時薛丁格方程式可退化為定態薛丁格方程式：

$$\hat{H}\psi = E\psi$$

式中，E 為體系能量。可以看到，定態薛丁格方程就是哈密頓算符滿足的本徵方程，求解此方程，即可得到體系的能量本徵值與本徵態波函數，從而了解體系的量子力學運動規律（想進一步深入了解的讀者可參閱附錄）。

不難看出，哈密頓算符是薛丁格方程式的根基，神奇的是，哈密頓量（體系的動能和位能總和）也是古典力學的根基。哈密頓量是由愛爾蘭數學家哈密頓（Sir William Rowan Hamilton）提出來的，他從哈密頓量出發嚴格地推導出了牛頓

力學，從而把牛頓力學納入一個新的數學框架中。量子力學顛覆了牛頓力學，但是哈密頓量不但沒有被量子力學拋棄，反而提升為哈密頓算符，成為量子力學的基礎。

波函數、薛丁格方程式、算符、本徵值與本徵態，這些都是量子力學的基本假設，類似於幾何學中的公理，沒法證明，但由此推出的所有結論都能很好地解釋和預測實驗結果，所以得到了大家的公認。

第二篇　量子·創立

第三篇
量子・顛覆認知

第三篇　量子‧顛覆認知

無跡可尋

　　雖然薛丁格是波動力學的創始人,但波函數的解釋權已經完全脫離了薛丁格預定的軌道。人們普遍接受了玻恩對波函數的機率詮釋。波函數只允許計算在某個位置找到某個粒子的機率,對於體系的演化,只能預測某一結果的機率,卻不能預測一定會得到什麼結果。機率作為一種基本法則進入了量子力學。

　　但是,包括薛丁格在內,還有許多物理學家對量子力學這種固有的不可預測性持懷疑態度,其中的帶頭人便是愛因斯坦。在古典力學中你擲一個骰子,我們說你只能預測一個機率,每個面朝上的機率都是1/6,但這是因為我們忽略了很多物理細節,例如,拋骰子的力度、角度、手法,骰子自身的彈性、稜角、密度分布,以及空氣分子的分布情況、桌面材料的彈性等等,如果你把所有因素都考慮進去,所有細節都能掌握的話,那麼骰子丟擲的一瞬間,就可以準確地預測它的運動軌跡,因此也一定能準確地預測它到底哪面朝上,這時候,結果是確定的,不存在機率性。因此,持懷疑態度的物理學家認為量子力學中的機率性也是因為測量不精的原因,如果你能把所有細節都測量出來的話,它就不會呈現機

率性。這種想法似乎有一定道理，但是，海森堡在 1927 年發現了一條量子力學的基本原理，直接否定了這種想法。

海森堡發現的原理叫不確定性原理：有一些成對的物理量，要同時測定它們的任意精確值是不可能的，其中一個量被測得越精確，其共軛量就變得越不確定。例如，座標與相應的動量分量、能量與時間等（兩個共軛量相乘後的單位正好是普朗克常數的單位 J·s）。

對於座標與相應的動量分量，不確定性原理的數學表示式是

$$\Delta x \cdot \Delta p_x \geqslant \frac{\hbar}{2}$$

上面的關係式表明，在量子力學裡，一個粒子不可能同時具有確定的位置和速度，一個粒子的位置測得越精確，它的速度就越不精確，反之亦然。因此，在測量粒子的位置和動量時，它們的精度始終存在著一個不可踰越的限制，也就是說，你不可能準確地測量一個粒子的運動軌跡，這不是測量儀器的精度問題，而是自然界的根本屬性，這樣的話，它的機率性就成了必然。因此，量子力學裡的機率和古典力學裡的機率是不一樣的，古典力學裡的機率來自於測量的不精確，而量子力學裡的機率來自於體系自身的內在屬性。或者說，量子力學的機率內涵是絕對的。

第三篇　量子・顛覆認知

　　從某種意義上來說，正是量子力學的機率內涵，讓我們的人生充滿著不確定性。作為由天文數字的基本粒子組成的集合體，人體內部每個粒子的即時運動都是不可預測的，因此我們的未來也是不可預測的，這樣，我們自身的努力才是有意義的。如果一切都是決定性的，那我們的人生就像演電影一樣，只能按照已經預定好的劇本一路演下去，那人生的意義何在呢？所以說量子力學的不確定性對人類來說是幸運的，它讓我們避免成為大自然的提線木偶，而讓我們成為自身命運的主宰。

　　因為物理學界對量子力學的機率詮釋一直存在爭議，所以量子力學自誕生以來經歷了各種非常嚴格的實驗檢驗，但到目前為止，還沒有發現任何能夠推翻量子力學的實驗證據。

不一樣的骰子

雖然我們經常用擲骰子來作為量子力學機率性的比喻，但是，如果你擲的不是一個骰子，而是多個骰子的話，你可能不會想到，量子力學中的機率統計和古典物理中的機率統計是不一樣的。而這一發現，來自於一次「錯誤」的授課。

1922 年，印度達卡大學物理系講師納特·玻色（Satyendra Nath Bose）正在給學生講授黑體輻射，講授過程中，他以愛因斯坦提出的光量子為對象，運用古典的馬克士威-波茲曼統計來推導公式，打算向同學們展示公式推導過程中的疑難。但是，當他推導完畢以後，結果讓他目瞪口呆，他竟然推導出了普朗克的黑體輻射公式！

要知道，普朗克當年湊出黑體輻射公式以後，雖然自己給出了一個推導並首次提出量子化的概念，但他的推導是存在嚴重缺陷的。後來，愛因斯坦給出了一個新的推導，但也並不是完美無缺的，也就是說，那時候還沒有人能從理論上完美地推導出普朗克定律。現在，玻色竟然無意間完成了這一重大發現。

昨天備課時候還不是這樣的，今天怎麼變了呢？玻色仔細檢查了他的推導過程，這才發現，他在講課時，由於疏

忽,犯了一個「小錯誤」。

我們可以舉個最簡單的例子來展示他犯的錯誤。假設加熱黑體的時候,黑體會輻射出兩個光子,每個光子都有 50% 的機率處於頻率 $\upsilon 1$,50% 的機率處於頻率 $\upsilon 2$,那麼請問,兩個光子都處於頻率 $\upsilon 1$ 的機率有多大?

這個問題如果用古典機率統計來計算,很簡單,答案為 25%。因為有以下四種情況如圖 8-1 (a) 所示。

第 1 種可能	兩個光子都處於 $\upsilon 1$
第 2 種可能	兩個光子都處於 $\upsilon 2$
第 3 種可能	光子 1 處於 $\upsilon 1$,光子 2 處於 $\upsilon 2$
第 4 種可能	光子 1 處於 $\upsilon 2$,光子 2 處於 $\upsilon 1$

但是,玻色在黑板上推導的時候,卻犯了一個「錯誤」,他只考慮到了以下三種情況如圖 8-1 (b) 所示。

第 1 種可能	兩個光子都處於 $\upsilon 1$
第 2 種可能	兩個光子都處於 $\upsilon 2$
第 3 種可能	兩個光子一個處於 $\upsilon 1$,另一個處於 $\upsilon 2$

這樣,按照他「錯誤」的推導,兩個光子都處於 $\upsilon 1$ 的機率變成了 1/3。這樣誤打誤撞,竟然推導出了黑體輻射公式。

找到了自己的「錯誤」,玻色立刻意識到,這裡面大有玄機!經過仔細分析,他發現這兩種機率的區別就在於:古典統計裡,兩個光子是可以區分的,而在自己新的統計中,兩個光子是不可區分的!

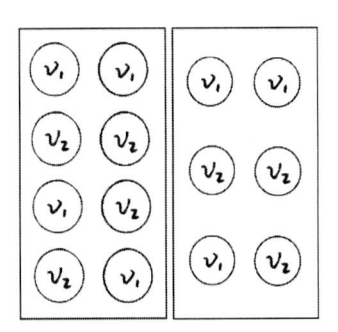

圖 8-1 古典統計和玻色統計的區別 (a) 古典統計；(b) 玻色統計

這讓他大為興奮，把自己的發現寫了一篇論文，題目是《普朗克定律與光量子假說》。在文中，玻色指出古典的馬克士威 - 波爾茲曼統計不適合於微觀粒子，並用自己提出的所有光子不可區分的假設，推導出了普朗克定律。

然而，當他把論文投遞給英國一家知名雜誌後，主編認為玻色犯了十分基本的錯誤，論文毫無價值，直接退稿了。無奈之下，玻色想到了愛因斯坦，他決定直接將論文寄給愛因斯坦，向愛因斯坦求助。

1924 年 6 月，愛因斯坦收到了玻色的論文。愛因斯坦立刻意識到玻色的發現具有重大意義。他親自將玻色的論文翻譯成德文，並將其推薦給德國最主要的物理刊物。同時，受玻色工作的啟發，愛因斯坦自己也寫了一篇關於光子統計的論文，兩篇文章在同一刊物一起發表出來。這種新的統計方法後來被人們稱為玻色 - 愛因斯坦統計。

在量子統計中，由於相同的粒子具有不可區分性，因此被人們稱為全同粒子。在古典物理學中，是沒有全同粒子的，因為古典物理學中的粒子都具有明確的運動軌跡，是可以明確區分的。而量子理論中，由於不確定性原理的限制，粒子沒有明確的運動軌跡，再加上粒子波函數在空間中的重疊，導致各個粒子完全沒法區分。例如，氦原子裡有兩個電子，這兩個電子就是全同粒子，假如將兩個電子交換位置，這個氦原子看不出任何狀態上的變化。

不久以後，人們又發現，即使是全同粒子，它們的統計規律也不同，例如，電子就和光子不同。舉例來說，電子有個性質叫自旋，既可以自旋向上，也可以自旋向下。對於基態氦原子，它的兩個電子都處於 1s 軌道上，如果電子的統計規律像光子一樣，那麼這兩個電子的自旋狀態就有三種可能：兩個都向上、兩個都向下、兩個正相反（圖 8-2（a））。但事實上，這兩個電子的自旋狀態只有一種可能：兩個正相反（圖 8-2（b））。

電子的這種統計規律叫費米 - 狄拉克統計（Fermi-Dirac statistics）。為什麼會這樣呢？原因就在於，電子還受另一個原理的制約——包立不相容原理（Pauli exclusion principle）。

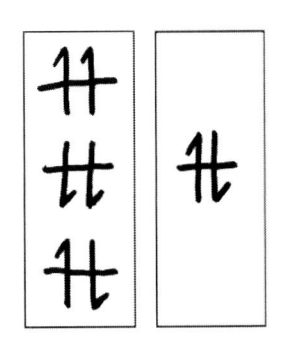

圖 8-2 玻色統計和費米統計的區別 (a) 玻色統計；(b) 費米統計

沃夫岡・包立（Wolfgang Ernst Pauli）是海森堡的師兄，他也師從慕尼黑大學的索末菲。1918 年，18 歲的包立中學畢業，他不想讀大學，覺得太浪費時間，就直接去找索末菲，要讀他的研究生。不可思議的是，索末菲對他進行面試以後，居然同意了，這樣，一個中學生直接成了研究生。

但是，索末菲可不是胡鬧，包立是真的有才華。1921 年，德國的《數學科學百科全書》邀請索末菲撰寫關於相對論的一卷，索末菲無暇撰寫，就推薦了包立，編委會出於對索末菲的信任，就同意了。結果，21 歲的包立很快就寫好了一篇 200 多頁的相對論介紹，精闢地論述了狹義和廣義相對論的數學基礎和物理原理，很多地方都有自己獨到的見解。

書出版後，索末菲給愛因斯坦寄了一本，愛因斯坦讀後，大加讚賞，當他得知作者僅僅 21 歲，還是一個學生，更是吃驚。他評價道：「任何該領域的專家都不會相信，該文竟

第三篇　量子‧顛覆認知

然出自一個年僅 21 歲的年輕人之手。作者對這個領域的理解力、熟練的數學推演力、深刻的物理洞察力、表述問題的清晰性、系統處理的完整性、語言把握的準確性，會使任何一個人都感到羨慕。」

1921 年，包立博士畢業，被索末菲推薦到哥廷根大學的玻恩門下做助手。1922 年，波耳到哥廷根大學講學，在和包立接觸後，很欣賞他的才華，就邀請包立到哥本哈根訪問。於是包立又到哥本哈根在波耳門下工作了一年。讀者還記得，那一次，波耳還向海森堡發出了邀請。波耳相中的這兩個年輕人，後來都成為哥本哈根學派的領軍人物。很有意思的是，海森堡的求學之路幾乎就是跟在包立後面步步緊隨，他比包立晚一年師從索末菲，也比包立晚一年給玻恩當助手，還比包立晚一年去哥本哈根訪問。最令人稱奇的是，他們倆都是中學畢業 3 年後就拿到了博士學位。

波耳曾經提出一個問題——如果原子中電子的能量是量子化的，這些電子為什麼沒有都排布在能量最低的軌道呢？如果你觀察元素週期表，就會發現每一種元素原子的電子排布都不相同，隨著電子數的增多，電子排滿了從低到高的各個能級。波耳對此很不解，因為自然界的普遍規律是一個體系的能量越低越穩定（這叫能量最低原理），這些電子為什麼要往高能級排序呢？

這個問題最終被包立所解決。1925 年，包立根據對原子

經驗數據的分析提出一條原理：原子中任意兩個電子不可能處於完全相同的量子態。這就是包立不相容原理。

包立不相容原理是一個非常重要的理論，正因為如此，電子才會乖乖地從低能級到高能級一個一個往上排列。也正因為如此，電子才會構成一個個不同的原子，從而出現我們看到的五彩繽紛的元素。

人們發現，微觀粒子有的受包立不相容原理的制約，有的不受。因此，微觀粒子的統計規律分為兩種：一種是像光子那樣不受包立不相容原理的制約的粒子，滿足玻色 - 愛因斯坦統計；另一種是像電子那樣受包立不相容原理的制約的粒子，滿足費米 - 狄拉克統計。如前所述，玻色 - 愛因斯坦統計是在 1924 年提出來的，而費米 - 狄拉克統計是在 1926 年由狄拉克和義大利物理學家費米（Enrico Fermi）各自獨立地提出來的。

現在，全同粒子已經作為一條基本假設被納入量子力學的理論框架，人們發現的各種實驗現象都證明了該假設的正確性。

第三篇　量子‧顛覆認知

沒有人能理解

2002 年，美國兩位學者在美國的物理學家中做了一次調查，請他們提名史上十大最美物理實驗。最終，電子雙縫干涉實驗（Double-slit experiment）排名榜首。這個實驗為什麼受到如此青睞呢？原因就在於，這個實驗展現了機率波謎一般的特徵。用量子力學大師費曼的話說，就是「量子力學的一切，都可以從這個簡單實驗的思考中得到」。正因為如此，費曼在他所著的《費曼物理學講義》中，把電子雙縫干涉實驗放在量子力學的開篇進行講述，可見這個實驗對於理解量子力學的重要性。

在古典物理學中，波是比較好理解的概念。多個波可以在同一空間中同時存在，並且發生疊加，產生干涉現象。干涉條紋是波與波的疊加產生的波動加強或抵消的結果：波峰和波峰疊加，波動加強，波峰和波谷疊加，波動抵消。圖 9-1 給出了常見的正弦波的波形，以及它們進行干涉疊加時加強或抵消的影像。

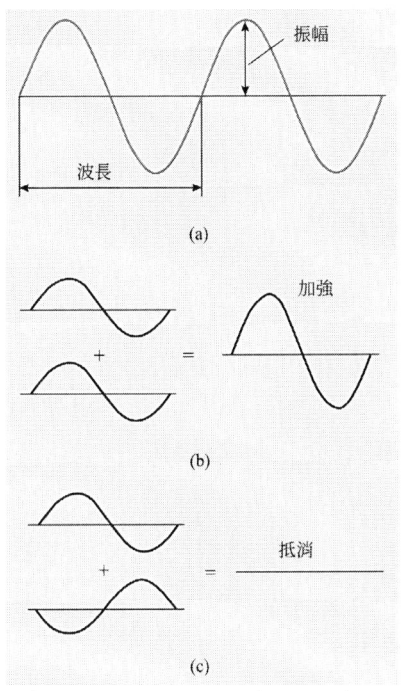

圖 9-1 正弦波以及其干涉疊加示意圖
(a) 正弦波波形 (b) 相長干涉 (c) 相消干涉

可以說，干涉是波動最重要的特徵，而干涉現象最典型的例子就是雙縫干涉實驗。以常見的水波為例，在一個水槽中用一個上下振動的小球作為波源，在水面產生圓形的波，在這個波前方放一塊木板，木板上刻有兩條狹縫，入射波在狹縫處發生繞射，形成兩列新的圓形波，這兩列波就會發生干涉。如果在後面放一塊探測屏來測量干涉波的強度，就會顯示出明暗相間的條紋，如圖 9-2 所示。

18 世紀，科學家們為光究竟是粒子還是波爭得不可開交，莫衷一是。1807 年，英國科學家湯瑪士・楊格（Thomas Young）做了一個轟動一時的實驗——楊氏雙縫干涉實驗（Double-slit experiment）。他把一束單色光照射到兩條平行狹縫上，結果在兩條狹縫後面的螢幕上出現了明暗相間的條紋（圖 9-3），這不就是波的干涉條紋嗎？對干涉波的強度進

第三篇　量子・顛覆認知

行測量，發現其變化規律與水波完全一致，這就證明光的確是波。

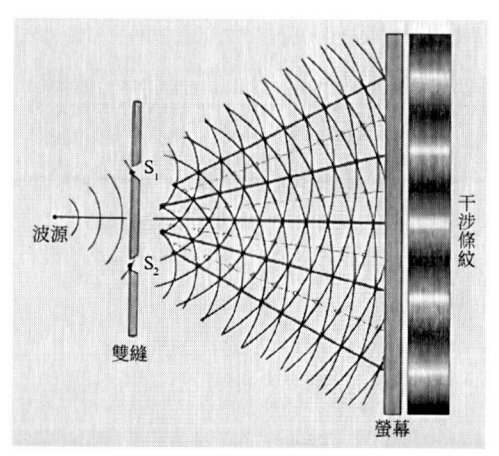

圖 9-2 水波的雙縫干涉實驗

但是，古典的波動是需要傳播介質的，人們絞盡腦汁，才為光找到了一種傳播介質——「以太」（Luminiferous aether）。「以太」最早由古希臘的亞里斯多德提出，他設想「以太」是充滿天地間的一種媒質，這完全是一種憑空假想，沒有任何根據，但光學家們卻把它拿來當作光的傳播介質。

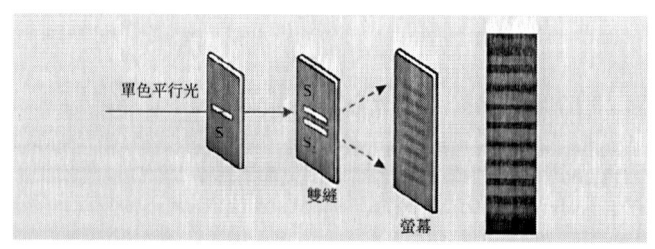

圖 9-3 楊氏雙縫干涉實驗示意圖

為了尋找「以太」，人們又費盡了心機，但到了1905年，愛因斯坦在相對論中卻直接否定了「以太」的存在。這就表明光可以直接在真空中傳播，不需要任何傳播介質，和普通的波不一樣。

不需要傳播介質，這是光波與古典波的最大區別。古典波的能量傳遞靠介質振動，現在沒有介質了，意味著光波的能量只能由它自己攜帶，所以光是具有粒子性的，光波的能量由一個個光子攜帶。在古典波中，波的強度取決於介質的波動幅度，而光的強度則取決於光子流的密度。由此看來，正因為愛因斯坦堅決否認「以太」的存在，所以光子的概念由他首先提出來，也就是順理成章的事情了。

不需要傳播介質，這就意味著光波和水波的干涉原理並不一樣。對於水波來說，如果水波的波動逐漸減弱，那麼干涉條紋也會相應減弱。但不管波動如何微弱，整個水面都在上下振動，水波總是充滿整個水面，干涉條紋也布滿整個螢幕，只不過是比原來微弱罷了。但是，如果是光波逐漸減弱，會出現什麼結果呢？

1909年，英國科學家泰勒做了一個實驗。他先用強光照射縫衣針，拍下針孔的繞射影像，再把光源衰減到極弱，結果發現，短時間內並不能出現繞射影像，只有散亂的光點。但是，當他把實驗時間延長到 2,000 hr 以後，繞射影像又出現了，而且和用強光源得到的影像完全一樣。這個實驗可以稱得

第三篇　量子‧顛覆認知

上是單光子繞射實驗。後來，人們又做出了單光子的雙縫干涉實驗：光源一次只能發出一個光子，在螢幕上也只能出現一個落點，但是，隨著一個個落點的出現，干涉條紋竟然逐漸顯現出來。這兩個實驗都表明，光的波動性是由光子的機率分布展現出來的，現在我們知道，這就是量子力學的機率波。

從光的雙縫干涉實驗形成的干涉條紋來看，機率波和古典波的干涉條紋強度分布規律是一樣的，也就是說，在很多情況下，如果把光看成是瀰散在空中的波也沒什麼問題，這時候你可以不去考慮光子，而把它看作是波（電磁波理論就把光看作是電場與磁場的振動），這就是絕大多數光學問題都可以用古典波動理論解釋的原因。但是，對於少數問題，古典波動理論沒法解釋，如前面提到的光電效應，這時候，你就得把光看作是光子流了。正是從這個意義上來說，光的行為既像是波，又像是粒子，於是，人們只好給它這種奇怪的性質起了這樣一個奇怪的名字──波粒二象性。事實上，如果我們叫它「波粒二不像」，也沒什麼問題，因為從整體來看，它的性質既不像波，也不像粒子。

1927 年，當透過電子的繞射實驗（見第 3 章）證明了物質粒子也有波粒二象性之後，人們就希望實現電子的雙縫干涉實驗。但是對於電子來說，由於其波長很短，所以需要很窄的狹縫才行，而要將狹縫做得非常精細是很困難的，這就導致這個實驗很難做。

直到 1961 年，才由德國的約恩松（Claus Jönsson）成功完成了這個實驗。他在銅箔上刻出長 50μm，寬 0.3μm，間距 1 μm 的狹縫，採用 50 kV 的加速電壓，在高真空環境下，使電子束透過雙縫，得到了干涉圖樣。對干涉條紋的強度分布進行測量，發現它和光波的規律是一致的。事實上，電子波和光波的物理本質也是一樣的，都屬於機率波。後來，人們又成功做了中子、原子和分子的雙縫干涉實驗，證明了波粒二象性的普遍性。

再後來，單電子雙縫干涉實驗也成功了。這是把電子的發射速度調慢，慢到一次只發射一個電子，等前一個電子落在螢幕上再發射下一個電子，從而保證電子之間相互沒有影響，實驗結果如圖 9-4 所示。從圖中可以看出，剛開始，每個電子的落點都是隨機的，但是不久你就會看出規律，因為螢幕上居然慢慢地出現了干涉條紋，最後，明暗相間的干涉條紋越來越清晰地顯現出來。

這就是電子雙縫干涉實驗排名十大最美實驗榜首的原因，因為所有電子之間相互都沒有連繫，但它們最後一個個重疊起來就形成了干涉條紋！

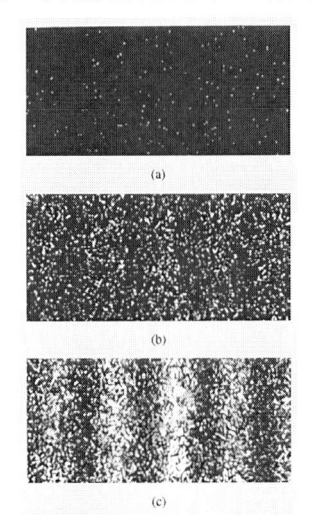

圖 9-4 單電子雙縫干涉實驗的細節

這個實驗結果意味著，每個電子事實上都在按照波動的特徵運動，它自己跟自己發生干涉，所以它會落在干涉條紋的位置。也就是說，單個粒子也能表現出波動性，波粒二象性是一種整體性質。

物理學家是刨根問底的一群人，他們接下來迫切地想搞清楚一個問題——電子到底是從哪條狹縫穿過去的？按我們通常的想法，即使雙縫同時開啟，電子的運動也只有兩種可能：透過狹縫 1，或者透過狹縫 2。但是如果是這樣，那就應該是兩個單縫繞射影像的疊加，而不是得到干涉條紋。要想獲知真相，除了「看一看」，似乎別無他法，但是，你要想看它，就得設計一個觀察裝置。在《費曼物理學講義》中，費曼提出了這樣一個觀察裝置（圖 9-5），緊貼雙縫後面放一個光源，光源會持續發出光子，當有電子從旁邊經過時，被它散射的光子會被光子探測器捕捉到，從而可以斷定電子從哪條縫透過。假如電子從縫 1 穿過，會探測到縫 1 附近有閃光；假如電子從縫 2 穿過，則會探測到縫 2 附近有閃光。

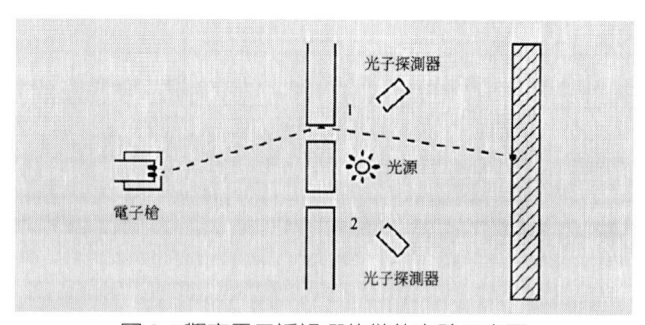

圖 9-5 觀察電子透過哪條縫的實驗示意圖

如果你去做這個實驗，會是什麼結果呢？你會看到，或者縫1處有閃光，或者探測到縫2處有閃光，你能判斷電子從哪條狹縫穿過。但是，別高興得太早，你會發現，此時螢幕上的干涉條紋竟然消失了！你看到的只是兩個單縫繞射圖案的疊加！也就是說，如果我們觀察到了電子的路徑，它就不再干涉；而如果我們不觀察，它就保持干涉。電子好像在跟我們玩捉迷藏的遊戲，就是不讓你知道它是如何自己跟自己干涉的，只能讓人徒喚奈何！

在這個實驗中，我們沒法確定電子的運動軌跡，唯一合理的解釋就是：它沒有運動軌跡！粒子沒有固定的運動軌跡，只有機率分布的規律，這是量子力學中粒子運動的普遍規律。事實上，這也是不確定關係的必然結果，如果有軌跡，動量和位置就同時確定了，就不滿足不確定性原理（uncertainty principle）了。

這個實驗太過不可思議，所以直到現在，還有物理學家在用不同的手段研究這個實驗，希望從中破解量子的奧祕。

第三篇　量子‧顛覆認知

上帝擲骰子嗎

1927年10月，第五次索爾維會議在比利時布魯塞爾召開，會議主題為「電子和光子」。這次會議的與會者29人中，有17位諾貝爾獎得主，量子理論的創始人幾乎全數出席，可謂是物理學史上絕無僅有的巔峰陣容。這時候，波動力學和矩陣力學已經誕生，機率詮釋和不確定性原理也被提出，量子力學似乎一夜之間就形成了一套完整的理論體系，但是，其對古典物理觀念的衝擊太大，以至於這些科學巨人們也難以形成統一的意見。因此，在這次會議上，以波耳為首的機率論支持者和以愛因斯坦為首的決定論支持者展開了激烈的論戰，成為科學史上的一段佳話。

這次會議有五個重磅報告：德布羅意的導航波理論（pilot wave theory）、玻恩的波函數機率詮釋、海森堡的不確定性原理、薛丁格的波動方程式，以及波耳的關於量子力學詮釋的總結報告。

愛因斯坦會前也收到了邀請他做報告的信函，但他拒絕了。他在回信中說：「現在這件事我尚不能勝任。在量子理論的近期發展中，我還不具備足夠的才智，還不能跟上這狂風暴雨般的進展。此外，另一個原因是，我還不贊成這個以純

統計性為基礎的新理論的思考方式。」

從愛因斯坦的回信就能看出他的態度,顯然,他對量子力學的機率內涵是很牴觸的。愛因斯坦是物理決定論的支持者,他希望人類能對世界給出一個明確的解釋,而不是像機率的、不確定的之類在他看來含糊不清的字眼。和他持相同觀點的還有德布羅意和薛丁格,他們都反對量子力學的機率詮釋。

在愛因斯坦看來,量子力學的機率詮釋只是一個權宜之計,那是因為人們還沒有能力認識量子背後更深層次的世界的本質,而不是說世界本來就是這樣的。而持機率論的波耳等人則認為世界本來就是機率性的和不確定的,這就是世界的本質。和波耳持相同觀點的有玻恩、海森堡、狄拉克、包立等人,因為他們都和波耳交往密切、淵源頗深,所以被稱作哥本哈根學派。

雖然愛因斯坦持決定論的態度,但是他忙於相對論,並沒有提出相關理論,反倒是德布羅意搞了一個新理論。在會上,德布羅意宣讀了論文《量子的新動力學》,提出了一個替代波函數機率詮釋的新方法,這個方法他稱之為「導航波理論」。在導航波理論中,德布羅意認為,粒子和波是同時存在著的,粒子就像衝浪運動員一樣,乘波而來,在波的導航下,粒子從一個位置到另一個位置,它是有路徑的。但是德布羅意剛講完,導航波理論就遭到了包立的猛烈抨擊。包立

第三篇　量子・顛覆認知

是出了名的「毒舌」，習慣於挑剔，善於發現別人演講中的漏洞，批評起來絲毫不留情面。他有個外號叫「上帝之鞭」，可見同行們多麼忌憚他的批評。據說，有一次愛因斯坦做一個關於相對論的講座，包立坐在最後一排，當愛因斯坦講完以後，包立站起來，直接提了一個尖銳的問題，讓愛因斯坦都難以回答。從此以後愛因斯坦每次做演講都要習慣性地往後排掃一眼，看看包立在不在場，真是「一朝被蛇咬，十年怕草繩」。

包立善於發現問題，目光犀利，導航波理論的缺點馬上就被他發現了。包立當場指出，這個理論雖然能解釋雙縫干涉實驗，但在考慮兩個粒子碰撞散射時，理論就會瞬間崩潰，更遑論複雜的多粒子系統。面對包立連珠炮般的攻擊，德布羅意左支右絀，難以招架，很快敗下陣來，只好將求助的目光投向愛因斯坦，希望愛因斯坦能幫他說幾句話。愛因斯坦雖然內心支持德布羅意，但是包立的指責的確在理，自己也沒有好的辦法辯解，他也看出來導航波理論的確存在明顯漏洞，無法使人信服，只好沉默不語。

德布羅意失望地走下講臺，接下來，整個會場就成了哥本哈根學派表演的舞臺，量子力學大放異彩。最後波耳的總結報告做完以後，原本不打算發言的愛因斯坦實在坐不住了，決定發起反擊。

他站起來說：「很抱歉，我沒有深入研究過量子力學，

不過，我還是願意談一談一般性的看法。」然後，他開始對玻恩的機率詮釋發難，指出在雙縫干涉實驗中，如果按照機率詮釋，電子落點機率將分布在一個很大的範圍內，但是一旦電子落在螢幕上某一點，這一點機率瞬間突變為1，與此同時，其他所有點的機率將瞬間突變為0，那麼，這個因果關係的變化速度是超光速的，違反了相對論中的光速極值原理。

面對愛因斯坦的這一指責，波耳的回應是，瞬間變化的是波函數，而波函數並不是一個真正在三維空間中運動的波，因此不受定域性的束縛。

愛因斯坦沒有過多糾纏，會議進行了簡單的討論後就結束了。但是，愛因斯坦並沒有罷休，他構思了一夜，在第二天吃早餐的時候，又對不確定性原理展開了質疑。他向波耳丟擲了一個思想實驗，指出在雙縫干涉實驗中，如果把雙縫吊在彈簧上，就可以透過彈簧測量粒子穿過雙縫時的反衝力，從而確定粒子到底透過了哪條狹縫。

波耳吃了一驚，他花了一整天的時間考慮，到晚餐時，他終於指出了愛因斯坦推理中的缺陷：愛因斯坦的演示要管用，就必須同時知道兩個狹縫的初始位置及其動量，而不確定性原理限定了同時精確測定物體的位置和動量的可能性。透過簡單的運算，波耳能夠證明，這種不確定性將大到足以使愛因斯坦的演示實驗失敗。

第三篇　量子・顛覆認知

　　這一次過招，波耳勝了。但是，他並沒有說服愛因斯坦。愛因斯坦不是一個能輕易被別人左右的人，他只相信自己的物理直覺。

　　就是在這次會議上，愛因斯坦當眾丟擲了那句名言：「我相信，上帝是不會擲骰子的。」波耳的回答是：「愛因斯坦，不要告訴上帝應該怎麼做。」

　　三年時光轉瞬即過，1930 年 10 月，第六屆索爾維會議繼續召開，這次的主題是「關於物質的磁性」。但這次會議被世人牢記的並不是「磁性」，而是愛因斯坦和波耳的第二次論戰。這一次，愛因斯坦有備而來，主動向不確定性原理再次發起挑戰。不同的是，他這次沒有攻擊座標 - 動量的不確定關係，而是換成了時間 - 能量不確定關係。

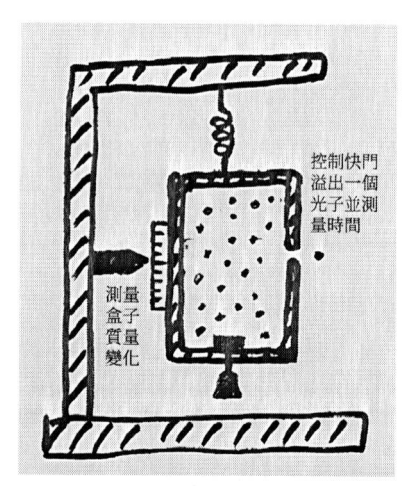

圖 10-1 愛因斯坦光盒

愛因斯坦丟擲這樣一個思想實驗（圖10-1）。假設有一個密封的盒子懸掛在彈簧秤上，盒子裡有一定數量的可以輻射光子的物質。一個事先設計好的鐘錶機構開啟盒上的快門，使一個光子逸出，這樣，它跑出的時間可被精確測量。同時，由彈簧秤讀數可知小盒所減少的質量，這正好是光子的質量，根據相對論質能公式 $E=mc^2$，就能算出光子的能量。由於時間測量由鐘錶完成，光子能量測量由盒子的質量變化得出，所以二者是相互獨立的，測量的精度不應互相制約，這樣，時間和能量就能同時精確測量了，因而能量與時間之間的不確定關係不成立。

第7章已經介紹過，除了位置和動量具有不確定關係外，時間和能量也存在不確定關係。如果在某一時刻 t 測量粒子的能量 E，那麼不確定度滿足以下關係：

$$\Delta t \cdot \Delta E \geqslant \frac{\hbar}{2}$$

此式表明，在某一時刻輻射出一個光子，如果這個光子的放出時刻確定，它的能量就會有一個很窄的分布範圍，不會確定為某一個值；反之，如果光子的能量確定，就不能精確測得光子逸出的時刻。但是現在，在愛因斯坦的光盒實驗中，這一規律被打破了，二者均可精確測定，這無異於晴天霹靂，震得波耳目瞪口呆。

第三篇 量子·顛覆認知

波耳沒有馬上想出解決之道,他一整天都悶悶不樂。愛因斯坦自信滿滿,一整天都笑容滿面,他相信這一次自己是真的找到了不確定性原理的破綻。

但是,波耳也絕非等閒之輩,經過徹夜思考,他終於在愛因斯坦的推論中找到了一處破綻。

第二天,波耳已經恢復了笑容,他大步流星地走上講臺,在黑板上開始對光盒實驗結果進行理論推導,而他用的武器竟是廣義相對論的引力時間延緩效應——盒子位置的變化會引起時間的膨脹!經過推導,他竟然匯出了能量與時間之間的不確定關係式。波耳用相對論證明了不確定原理!可以說,不確定性原理更讓人信服了。

這一回,輪到愛因斯坦目瞪口呆了。儘管臺下還有些人對波耳的反駁提出了質疑,認為他把指標、標尺和光盒當成量子物體來處理並不妥當,但愛因斯坦接受了波耳的反駁,畢竟,這是思想實驗,本來一個光子的質量也不可能從彈簧秤的指標上看出來,所以理論上要讀出讀數的話,把測量裝置看成量子物體並無不妥。

自此以後,愛因斯坦不得不有所退讓,承認了哥本哈根學派對量子力學的解釋不存在邏輯上的缺陷。但是,他並沒有認輸,「量子論也許是自洽的」他說:「但至少是不完備的。」愛因斯坦改變了策略,他決定不再從外部進攻,但是,他的

頭腦已經高速運轉起來，開始策劃從內部攻破這座堡壘。這一等，就是 5 年，5 年之後，愛因斯坦將再次讓波耳陷入無盡的苦惱。

雖然波耳險勝一招，但是波耳內心可能並不一定滿意自己對於光盒的解釋，1962 年，波耳去世，人們發現，他在辦公室的黑板上留下的最後一幅圖就是愛因斯坦的光盒。這個假想的盒子，也許讓他困擾了一輩子。

透過兩次索爾維會議的交鋒，愛因斯坦敗走麥城，哥本哈根學派大獲全勝，從此，他們對量子力學的解釋被稱為量子力學的「正統解釋」。

第三篇　量子・顛覆認知

第四篇
量子奧義・疊加與測量

第四篇　量子奧義・疊加與測量

量子第一原理

　　1930 年，狄拉克出版了量子力學的古典教材《量子力學原理》(The Principles of Quantum Mechanics)。這是一本不帶任何感情色彩的用數學語言寫成的物理書，全書沒有任何一個圖表、一處索引或是參考書目。狄拉克認為，量子世界和人類經歷的其他任何事物都不同，如果拿日常行為打比方會產生誤導，所以書中幾乎沒有一處啟發性的比喻或類比。

　　但是，這本書獲得了同行們的盛讚。包立熱情地稱讚該書是完美之作，儘管他擔心這本書寫得太抽象以至於太脫離實驗觀測，但他還是將該書稱為「必讀的基礎教科書」。愛因斯坦也稱讚這本書「在邏輯上最完美地呈現了量子理論」。這本書後來終身陪伴著愛因斯坦，他經常在度假的時候將它帶在身邊作為休閒讀物，有時他遇到量子方面的難題時，總是自言自語地念叨：「我那本狄拉克放哪裡了？」

　　在量子力學的理論系統中，從薛丁格方程式可以得出一個非常重要的推論──系統的波函數滿足疊加原理。因為波函數描述的是系統的量子狀態，故稱之為態疊加原理(superposition principle)。在《量子力學原理》中，狄拉克把「態疊加原理」作為開篇第 1 章開宗明義，他寫道：「量子力學中最

基本、最突出的規律之一是態的疊加原理。」在量子力學剛剛建立的年代，狄拉克就認識到了態疊加原理的重要性，量子力學發展到現在，我們不得不佩服狄拉克的眼光。現在，我們可以十分肯定地說，態疊加原理是量子力學區別於古典力學的重要特徵，在量子力學中起著統制全域性的作用，甚至可以上升到量子第一原理的高度。

對於薛丁格方程式，人們發現，它總是齊次線性偏微分方程式。這就是說，薛丁格方程式的解滿足齊次線性微分方程的重要性質——疊加原理。而薛丁格方程式的解正是波函數（量子態），於是，就可以得出一條重要的原理——態疊加原理。其表述如下：

如果 ψ_1、ψ_2、ψ_3、$\cdots$、ψ_n 是某一微觀系統的可能狀態，那麼它們的線性疊加：

$$C_1\psi_1+C_2\psi_2+C_3\psi_3+\cdots+C_n\psi_n$$

也是該系統的可能狀態，其中，C_1、C_2、C_3、$\cdots$、C_n 是任意常數。

在電子的雙縫干涉實驗中（見第9章），我們發現，每個電子事實上都在按照波動的特徵在運動，自己跟自己發生干涉。這一點我們感覺沒法理解，但是了解了態疊加原理以後，就可以發現，態疊加原理正是單個粒子能顯示波動性的內在原因。

第四篇 量子奧義·疊加與測量

> **擴展閱讀**

在高等數學中，齊次線性微分方程有一個重要的性質——疊加原理。疊加原理簡單來說，包含兩條內容：

(1) 齊次線性微分方程的解與任意常數的積也是該方程的一個解；

(2) 齊次線性微分方程的多個解的累加也是該方程的一個解。

用數學的語言來表述，就是，對於以下方程：

$$\frac{d^2\psi(x)}{dx^2} + p\frac{d\psi(x)}{dx} + q\psi(x) = 0$$

（p 和 q 為實數）

設 $\psi_1(x)$ 和 $\psi_2(x)$ 都是方程式的解，那麼它們的線性疊加：

$$C_1\psi_1(x) + C_2\psi_2(x)$$

也是方程式的解，其中，C1 和 C2 是任意常數（包括實數和複數），稱為線性組合係數。

在雙縫實驗中，從通過某條狹縫的角度來說，電子有兩種可能的狀態：一種是從狹縫 1 通過的狀態 ψ_1，另一種是從狹縫 2 通過的狀態 ψ_2。根據態疊加原理，這兩種狀態的疊加 $\psi_1+\psi_2$ 也是電子可能的狀態，稱之為疊加態。也就是說，按照

態疊加原理，電子具有同時穿過兩條狹縫的狀態（圖 11-1），因此它可以自己跟自己發生干涉。

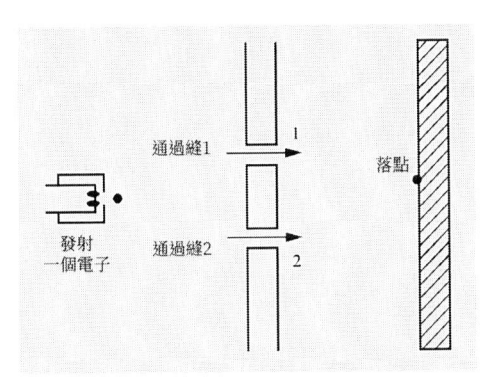

圖 11-1 電子路徑處於透過兩條狹縫的疊加態

如前所述，波函數也叫機率幅（Probability amplitude，第 5 章），由態疊加原理可以發現量子力學和古典物理中電腦率的方法有本質的區別。在古典物理中，如果一個事件可能以幾種方式實現，則該事件的機率就是以各種方式單獨實現時的機率之和。而在量子力學中，如果一個事件可能以幾種方式實現，則該事件的機率幅就是以各種方式單獨實現時的機率幅之和（態的疊加），透過機率幅的絕對值的平方才能得知機率。用數學的語言來表述，即

古典物理： $P_{12} = P_1 + P_2$

量子力學： $P_1 = |\psi_1|^2$, $P_2 = |\psi_2|^2$,

$P_{12} = |\psi_1 + \psi_2|^2 = P_1 + P_2 + 2\sqrt{P_1 P_2}\cos\theta$

上式中，$\cos\theta$ 可以描述由於振幅疊加而產生的干涉效應，因此，最後一項可稱為相干項。顯然，量子機率疊加和古典機率疊加比較，多了一項相干項，這是波動性的直接展現，也是表徵疊加態的重要特徵引數。

簡單來說，古典統計是機率疊加，而量子統計則是機率幅疊加，一字之差，萬別千差。量子大師費曼曾經說過，「量子力學裡機率的概念並沒有改變，所改變了的，並且根本地改變了的，是電腦率的方法」。

旋轉的硬幣

態疊加原理打破了古典物理中描述粒子狀態的非此即彼的傳統觀念，它揭示了量子世界中最重要的性質——疊加態。微觀粒子的量子態可以處於各種狀態的重疊，這就是疊加態。因為處於多種狀態的疊加，所以粒子的某些屬性在沒進行測量之前是不確定的，只有測量完成後，它的屬性才會固定下來，而一次測量只能有一個結果，所以對量子態進行測量，必然破壞其疊加態，導致它變成某一確定態。按照量子力學，這個確定態必然是某一個本徵態，雖然可以預測每一個本徵態出現的機率，但對於每一次測量，其結果是完全隨機的。

例如，電子有一種量子屬性叫自旋。自旋並不是電子自身的旋轉，它就像質量、電荷一樣，是電子的內稟性質。電子自旋可以透過斯特恩-革拉赫實驗（Stern–Gerlach experiment）來測量，如圖 12-1 所示，令電子射線束透過一個不均勻的磁場，電子束在磁場作用下發生偏折，分裂為上下兩束，最後在玻璃屏上出現上下兩處落點區域。這就說明電子磁矩有兩種相反的取向，對應著兩種自旋狀態，人們稱之為自旋向上和自旋向下。

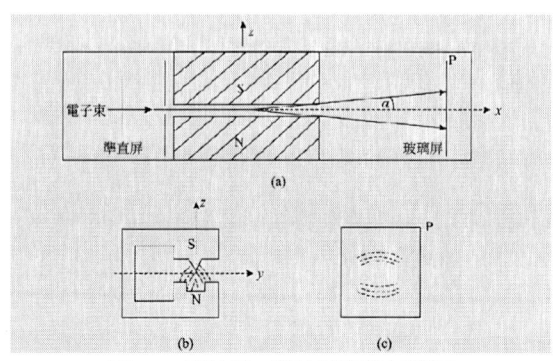

圖 12-1 斯特恩 - 革拉赫實驗示意圖
(a) 電子束在不均勻磁場中分裂為兩束；
(b) 不均勻磁場正檢視；(c) 螢幕落點影像

電子的自旋有兩種可能的狀態 —— 自旋向上和自旋向下，每個電子都處於自旋向上和向下的疊加態。如果我們用 α 和 β 來分別表示自旋向上和向下，那麼電子的自旋狀態可以記為

$$\psi = C_1\alpha + C_2\beta$$

這裡 α 和 β 就是電子自旋的本徵態，如果測量一個電子的自旋，那麼測量結果可能是 α，也可能是 β，結果是完全隨機的，但是必為 α 和 β 其中之一，不會出現其他結果。打個比方來說，疊加態就像一枚旋轉的硬幣，不管它如何旋轉，在你把它拍到桌面上的一瞬間，它不是顯示正面就是顯示反面。

旋轉的硬幣就像由正面和反面兩個本徵態組成的疊加態，當你把它拍到桌面上，必然變成正面或反面之一，而不會有其他的結果

如果測量之前你想預測一下測得α或β各有多大的機率，只要看組合係數 C_1 和 C_2 就行了，測得 α 和 β 的機率之比是 $|C_1|^2 : |C_2|^2$。如果 $\psi = \alpha + \beta$，即 $C_1 = C_2 = 1$，則測得 α 和 β 的機率之比是 1：1，即有 50% 的機率測得自旋向上，50% 的機率測得自旋向下。儘管如此，每一次測量的結果都是完全隨機的，是不由人為控制的，只有對大量電子進行測量後，才會從統計的角度看到大約有一半電子變成了自旋向上，一半變成了自旋向下。

在古典力學中，我們對物理量的測量是一種旁觀者的角度，不會對物理量本身造成任何影響。例如，你想測量子彈的速度和位置，你可以用高速攝影機拍攝子彈的運動軌跡，從而計算它每一時刻的位置和速度。顯然，我們不會認為攝影機的拍攝過程會影響子彈的運動，子彈處於一個確定的運動狀態，測量過程對測量結果不會造成任何有實際意義的影響。

擴展閱讀

可以發現，如果 $\psi = \frac{\alpha + \beta}{\sqrt{2}}$，測得 α 和 β 的機率之比也是 1：1，這就說明 $\psi = \alpha + \beta$ 和 $\psi = \frac{\alpha + \beta}{\sqrt{2}}$ 代表的是同一種狀態。事實

上，所有 $C_1 = C_2$ 的波函數代表的都是同一種狀態，而其中只有 $C_1 = C_2 = \frac{1}{\sqrt{2}}$ 時正好有 $|C_1|^2 + |C_2|^2 = 1$，稱之為歸一化的波函數，此時測得 α 的機率正好是 $|C_1|^2$，測得 β 的機率正好是 $|C_2|^2$，計算很方便。為了使波函數的物理影像更直觀，通常都要求波函數歸一化。

但是在量子力學中，疊加態本身就是不確定的，任何輕微的擾動都會對其造成不可逆轉的影響，因此，在量子測量中，測量不再是旁觀者，而是參與者，測量成了體系本身的一部分。例如，在雙縫實驗中，如果你不去觀察電子穿過哪條狹縫，那麼電子處於同時穿過狹縫 1 和狹縫 2 的疊加態；而如果你一旦觀察到它從哪個狹縫穿過，就相當於完成了一次測量，電子的疊加態就消失了，它變成了從狹縫 1 或者狹縫 2 穿過的確定態，於是干涉現象也就消失了。因此，在量子測量中，測量行為和測量結果是關聯在一起的。

縱觀量子力學的全部內容，它的成功之處就在於對測量結果的解釋和預言，一旦離開了對物理量的觀測，它就只剩下一套數學上的演繹與推導。但是，自從量子力學誕生之日起，關於量子測量的解釋就是爭論的焦點，由此也發展出了多種理論，待後文詳述。

既死又活的貓

「薛丁格的貓」可以說是討論疊加態的時候人們最喜歡提及的一個例子。作為量子力學的奠基人之一，薛丁格的個人聲望使這隻貓風靡全世界，但是，很少有人知道，薛丁格當初提出這隻貓是為了反駁疊加態。

1935 年，薛丁格提出一個怪異的思想實驗——薛丁格的貓。一隻貓被關在箱子裡，箱子中有一小塊放射性物質，它在 1 小時內有 50% 的機率發生一個原子衰變。如果發生衰變，就會透過一套裝置觸發一個鐵錘來擊碎一個毒氣瓶從而毒死貓。在 1 小時之內，你無法判斷貓是死是活，除非開啟箱子看。薛丁格說，按照量子力學規則，可以認為貓處於「死」和「活」的疊加態，只有測量（開啟箱子看）才會使它變成確定態。

雖然我們看不到微觀粒子的量子態，感覺它十分神祕，但是貓可太常見了，牠要麼被毒死，要麼沒被毒死，不管你看不看，只有這兩種可能，怎麼可能因為你沒去觀察就認為牠處於「死」和「活」的疊加態？這太荒謬了！就像愛因斯坦說的，月亮在不在天上，與你看不看它有關係嗎？

這個實驗建構了一種違背常識的疊加態，讓人們感覺量

第四篇　量子奧義・疊加與測量

子力學好像十分荒謬。那麼，薛丁格為什麼要這麼做呢？

前文說過，薛丁格雖然自己提出了波函數，但是他卻反對波函數的機率詮釋，他堅持認為波函數描述的是一種物理實在的波動，不承認疊加態的存在。他和愛因斯坦站在同一條戰線上，堅持決定論，反對機率論，所以，他苦心孤詣想出「薛丁格的貓」這個例子，是為了用來反駁疊加態，以此來證明疊加態的荒謬。令人啼笑皆非的是，隨著時間的流逝，人們早已忘了他的初衷，還以為他是用這個例子來解釋疊加態的。所以，如果你想透過這隻怪異的貓來理解疊加態，只能是緣木求魚，南轅北轍。

拋開薛丁格的初衷不說，就看這個實驗，薛丁格的貓到底是死是活？牠真的處於「死」和「活」的疊加態嗎？事實上，我們前面說過，量子效應只有在普朗克常數的影響不可忽略時才能展現出來，一個宏觀物體的宏觀性質（「死」或者「活」）根本不可能被普朗克常數影響，根本不具有量子特性，就像一顆子彈的運動根本不具有量子特性一樣。在箱子開啟前，貓的確存在「死」和「活」兩種可能性，但這和「死」和「活」的疊加態是兩碼事兒。就像你用一粒子彈做雙縫試驗，子彈存在透過狹縫1和狹縫2的兩種可能性，但是你絕對不能說它處於透過狹縫1和狹縫2的疊加態。在雙縫實驗中，如果你嘗試監視電子透過哪條狹縫，將會導致干涉的消失；而在「薛丁格的貓」實驗中，如果你嘗試監視貓的狀態，

在箱子裡安一個監視器就行了,並不會對貓的命運造成任何影響,這和疊加態有本質的區別。

反過來,如果你一定要研究貓的疊加態,筆者認為那就要把這隻貓所包含的所有粒子的可能性都組合起來,那就是天文數字的疊加和糾纏了,決非簡單的「死」和「活」所能描述。

總而言之,從宏觀角度來說,不管你看不看,這隻貓或者死,或者活,均沒有疊加態。所以,薛丁格想要透過它來反駁疊加態是不成立的。

第四篇　量子奧義・疊加與測量

環境的力量

在歷史上，物理學界對於量子測量的結果並沒有爭議，但是在如何解釋量子測量方面卻存在巨大爭議。哥本哈根學派提出了「波函數塌縮」（wave function collapse）解釋，他們認為，在一次測量和下一次測量之間，除抽象的波函數以外，這個微觀物體並不存在，它只有各種可能的狀態；僅當進行了觀察或測量，粒子的「可能」狀態之一才成為「實際」的狀態，並且所有其他可能狀態的機率突變為零。這種由於測量行為產生的波函數的突然的、不連續的變化被稱為「波函數塌縮」。例如，在電子雙縫干涉實驗中，每個電子落在螢幕上都是一次波函數塌縮。

但是，根據薛丁格方程式演化的量子態，並不會自然地出現波函數塌縮這樣的現象，哥本哈根學派找不到具體的細節來說明塌縮的過程。塌縮為何發生？何時發生？持續多久？既然根據薛丁格方程式波函數不會塌縮，那麼在塌縮的瞬間是什麼方程代替了薛丁格方程式？於是，這一現象的發生過程成為困擾物理學家們的難題。

還有一個問題，在波函數塌縮之前，粒子有各種可能的狀態，在測量的一瞬間，粒子的「可能」狀態之一才成為「實

際」的狀態，並且所有其他可能狀態的機率突變為零。愛因斯坦認為，這種瞬間的訊息傳遞是超光速的，是違背相對論的。

總之，波函數塌縮過於突兀，其物理過程的缺失讓人懷疑這也許只是人為引入的一種解釋實驗現象的手段，因此很多人對波函數塌縮的哥本哈根解釋並不滿意，從而著手尋找新的解釋。

一直到1970年代，物理學家們終於找到了一種理論，來說明波函數為什麼會塌縮以及如何塌縮的問題，這就是去相干理論。經過幾十年的發展，去相干理論已經成為被廣泛接受的理論。

由於微觀體系具有明顯的波粒二象性，所以干涉現象是量子體系最基本的特徵。讀者還記得雙縫干涉實驗嗎？每一個電子事實上都在自己跟自己干涉，因為它處於透過狹縫1和狹縫2的疊加態。也就是說，量子疊加態自身具有干涉特性，可以稱之為自相干。或者說，疊加態具有相干性。

所謂「去相干」，顧名思義，就是指相干性的退去，表現為波動性逐漸喪失、疊加態逐漸退化為確定態。根據去相干理論，當被測系統與測量儀器和外界環境相互作用後，就會發生去相干過程。如果疊加態的相干效應減弱，稱之為去相干；如果相干效應完全消失，稱之為完全去相干，此時，量子體系退化為古典體系。去相干是一個客觀的物理過程，這一點已經在實驗上被多次證明。

第四篇　量子奧義‧疊加與測量

　　還以雙縫實驗為例，實驗本來在真空中進行，但是，如果你想監視電子從那條狹縫穿過，環境中就引入了光子，光子與電子碰撞，就會導致電子的去相干，於是螢幕上的圖案就會發生改變。如果光子能量小，會導致電子相干性減弱，此時螢幕上仍然會出現模糊的干涉影像；但如果光子能量大，就會導致完全去相干，干涉影像完全消失。

　　在量子世界裡，干涉現象是普遍存在的，但為什麼在古典世界裡就觀察不到？從量子到古典，是如何過渡的？人們認識到，最初形成的量子觀點僅適用於孤立的封閉系統，然而，宇宙中沒有任何物體是完全孤立的，因此，不考慮外部環境的作用是不現實的。於是去相干理論提出了這樣的觀點：自然界中宏觀量子效應的缺乏，是由於周圍環境造成的去相干效應導致，古典性是量子性退去相干性的結果。

　　根據去相干理論，相干疊加態只有在與世隔絕的情況下才能夠一直維持下去。然而事實上，除了宇宙本身以外，每個真實的系統，不論是量子的或是古典的，都與外部環境密切連繫，都是開放的系統。外部環境可以是空氣中的分子、原子，也可以是輻射中的光子。它們就像一個個「觀測者」，不斷地和系統發生耦合作用。這種不可避免的耦合作用會導致系統的相干相位關聯不可逆地消失，從而破壞系統的相干疊加性，促使系統的波函數塌縮到某個確定的古典態。

　　簡單來說，一個與環境隔絕的量子系統處於純態的疊加

態，一旦接觸外部環境，它與環境的相互作用將破壞它的疊加態，使系統發生去相干。

去相干理論中有一個引數叫去相干時間，就是體系從量子態演變為古典態的時間，去相干時間與研究對象的大小和環境中的粒子數密切相關。

一個半徑為 10^{-8}m 的分子在空氣中的去相干時間約為 10^{-30}s；如果把空氣抽去，則能延長到 10^{-17}s；如果把這個分子放在星際空間，它在那裡只能與宇宙微波背景輻射相互作用，猜想能延長到 30,000 年。而對於一個半徑為 10^{-5}m 的塵埃顆粒，由於它太大了（含有大量的內部粒子），即使在星際空間，其去相干時間也只有 1 μs。

可見，如果粒子系統足夠大，或者環境中有大量粒子存在，去相干時間就會非常非常短。在電子遇到螢幕時，螢幕上的大量粒子會使電子瞬時去相干，於是我們就會測量到一個落點。這就解釋了波函數為什麼會塌縮。

如果去相干的解釋是對的，那反過來想一下，如果把宏觀世界的物體與環境完全隔絕開來，是不是就能不去相干，從而處於疊加態呢？基於這樣一種推測，物理學家們開始探索跨越古典和量子邊界的技術，期望尋找宏觀量子疊加態。因為薛丁格貓的名氣已經傳遍全球，其已經成了宏觀量子疊加態的代名詞，所以科學家們乾脆把具有宏觀可區分性的兩個或多個態的相干疊加叫做「薛丁格貓態」。採用這個名字只

是為了使問題顯得更加形象通俗，便於向公眾傳播，並不是說真的去拿一隻貓做實驗。事實上，想排除去相干效應是異常困難的，這注定是一條艱難的「尋貓之旅」。

去相干理論為量子世界和古典世界提供了一座橋梁，它可以說明量子行為變遷為古典行為的過程，而且它沒有對量子力學的基礎表述做任何修改，很多量子實驗也證實了去相干現象的存在。因此，去相干理論已經被廣泛地接受並應用。現在，在量子計算和量子資訊的研究中，如何解決去相干問題已經成為科學家們面對的主要難題。

人的選擇

在 1927 年的第五次索爾維會議上，狄拉克認為，量子測量結果是自然隨機選擇的結果，而海森堡則認為它是觀察者選擇的結果。筆者認為，狄拉克所說的自然隨機選擇，指的是在可能的結果當中，最終出現哪個結果是完全隨機的、不可預測的。而海森堡所說的觀察者選擇的觀點，指的是觀察者雖然不能預測觀察結果，但是卻可以選擇觀察結果將會有哪些可能性。所以二人的觀點並不矛盾。

海森堡的觀點，我們可以透過一個簡單的例子看出來。

偏振是光的一種特殊性質。自然光可以認為是處於所有振動角度的疊加態，但是，使用偏振片可以將自然光變成某一特定方向的偏振光。當自然光射向偏振片時，可將各個方向的振動分解為平行於偏振方向的振動和垂直於偏振方向的振動，這樣，自然光就可看作是垂直偏振光和水平偏振光的疊加。當自然光射過偏振片時，水平偏振光被吸收不能通過，垂直偏振光可以通過，故光強只剩原來的一半。

第四篇　量子奧義・疊加與測量

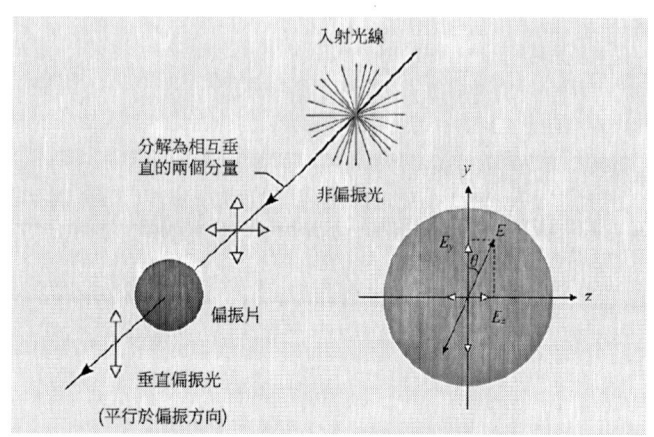

圖 15-1 自然光包含了所有角度的振動方向，任何一個方向的振動都可以按右下角的方法分解為平行和垂直於偏振方向的振動。當它穿過偏振片時，只有平行於偏振方向的分量通過，該方向在此處用畫在偏振片上的豎線來表示，透過偏振片後就得到了垂直偏振光，光強為入射光的一半

如圖 15-1 所示，對於單個光子來說也是如此，在它沒有通過一個偏振片之前，其偏振方向處於水平和垂直的疊加態，若你進行一次測量，也就是讓它射向偏振片，在它接觸偏振片的一瞬間，它就會從疊加態變成確定態——或者變成垂直偏振態通過偏振片，或者變成水平偏振態被偏振片阻擋，各有 50% 的機率。

於是，偏振片朝哪個方向擺放，就成了對測量結果至關重要的影響因素，而偏振片的擺放角度則完全是觀察者選擇的結果。如圖 15-2 所示，把兩個偏振片放在水平桌面上，一個偏振方向與桌面垂直，另一個與桌面成 45°，讓光子通過這

人的選擇

兩個偏振片。顯然，光子的疊加態被人為地固定成了十字方向和交叉方向，而測量結果也因此被人為地選擇為 A0 和 A1 之一或者 B0 和 B1 之一。

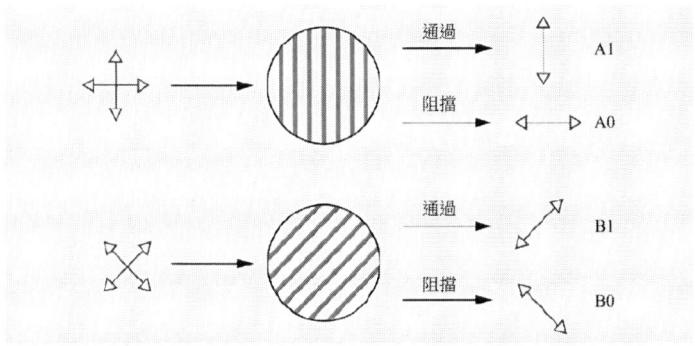

圖 15-2 偏振片放置角度不同，測量的結果不同

（為了表示方便，將圖中的四種偏振態記為 A0、A1、B0、B1）

如果你認為這不算什麼，那還有更令人困惑的事情等著你。我們把兩個偏振片垂直襬放，光就被完全擋住了，無法通過，見圖 15-3（a）。但是，如果你在中間加一個 45°的偏振片，居然又透光了，見圖 15-3（b）。

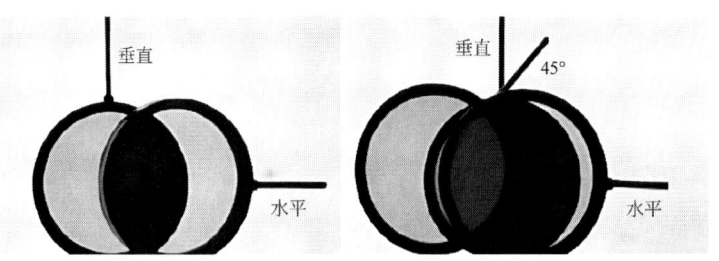

圖 15-3 偏振片不同堆疊方式的透光效果

（a）兩個偏振片垂直襬放；（b）在中間加一個 45°的偏振片

115

第四篇　量子奧義·疊加與測量

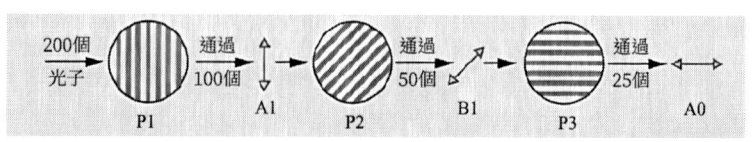

圖 15-4 讓光子連續通過三個偏振片，偏振量子態的變化

下面我們從測量的角度來分析一下上面的現象。如圖 15-4 所示，我們讓 200 個光子依次射向與桌面垂直的偏振片 P1，你會看到大約有 100 個光子透過，於是我們說，這 100 個光子從疊加態變成了確定態——A1 偏振態。這時，如果你在後面再放一個與桌面垂直的偏振片，這 100 個光子將全部通過，這很好理解，因為它們是確定的 A1 態。但是，如果你在後面放一個與桌面成 45°的偏振片 P2，奇怪的事情發生了，大約有 50 個光子會透過（變成 B1 態），另外 50 個被阻擋（變成 B0 態），這意味著，在透過 P2 之前，這 100 個光子可以看作是處於 B0 和 B1 的疊加態。

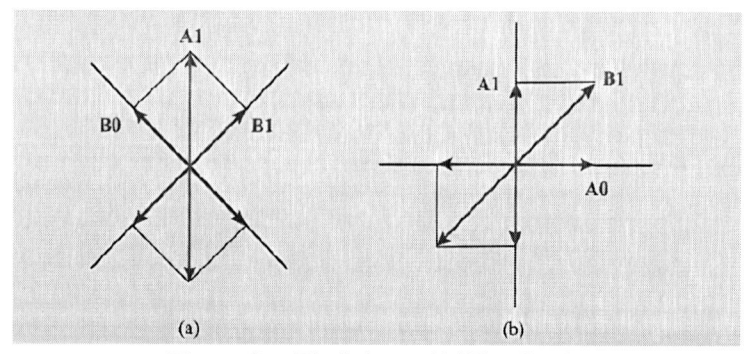

圖 15-5 光子偏振態在不同基礎態下的分解

(a) A1 在 B0/B1 基礎態下的分解；(b) B1 在 A0/A1 基礎態下的分解

116

我們可以將 A1 分解為兩個 45°方向的振動，從而解釋這一現象，如圖 15-5（a）所示。但是，你仔細想一想，這 100 個光子到底是確定態（A1）還是疊加態（B0 和 B1）？如果你不放 P2，它就是確定態，如果你放了 P2，它就是疊加態。就像海森堡認為的那樣，這是觀察者選擇的結果。

如果在後面再放一片與桌面平行的偏振片 P3，這時候，通過 P2 的 50 個處於 B1 態的光子將再次分為兩部分，大約有 25 個通過 P3 變成 A0 態，另外 25 個被阻擋變成 A1 態，如圖 15-5（b）所示。也就是說，我們透過後續的兩次測量，將原來全部是 A1 確定態的光子中的一部分變成了 A0 態！

再繼續探究，你會發現，如果你把 P2 撤掉，是沒有光子能通過 P3 的，但是，加上 P2 以後，部分光子就能通過 P3 了，這是不是說明觀察者可以選擇結果呢？

不可思議是嗎？事實就是如此。

費曼在其《物理學講義》(The Feynman Lectures on Physics) 裡把以上的結果歸納為量子力學的一條基本原理：任何量子系統可以透過過濾將其分解為某一組所謂的基礎態，在任一給定的基礎態中，粒子未來的行為只依賴於基礎態的性質 —— 而與其以前的任何歷史無關。

在上述例子中，A0/A1 和 B0/B1 就是兩組基礎態。顯然，基礎態取決於偏振片的方向，而偏振片的方向取決於測

量者如何擺放。正是因為測量者可以選擇不同的基礎態來決定可能的測量結果，人們才開發出了現代量子保密通訊的各種方式。關於量子保密通訊，留待後文詳敘。

擴展閱讀

希爾伯特空間（Hilbert space）

美籍匈牙利學者約翰·馮諾伊曼（John von Neumann）是人人熟知的「電腦之父」。但是，你可能不知道，他還是一位對量子理論發展做出很大貢獻的物理學家。

馮諾伊曼從小就表現出極高的數學天賦，據說他不到10歲就掌握了微積分。1926年，馮諾伊曼獲得了布達佩斯大學的數學博士學位，隨後來到哥廷根大學，擔任數學家大衛·希爾伯特（David Hilbert）的助手。這一年，量子力學剛剛建立，是最熱門的話題，恰巧海森堡在哥廷根大學舉辦了一場介紹量子力學的講座，於是希爾伯特就帶著馮諾伊曼一起去聽。海森堡講完以後，令希爾伯特尷尬的是，他竟然沒太聽明白，只好讓馮諾伊曼給他解釋一下。馮諾伊曼不但聽明白了，還發現了量子力學與希爾伯特最熟悉的數學語言「希爾伯特空間」之間的連繫，於是他用「希爾伯特空間」解釋了量子理論，希爾伯特這才恍然大悟。

1930年，馮諾伊曼奔赴美國，入職普林斯頓大學。在這

裡，他把當年的發現寫成了一本書，題目叫做《量子力學的數學基礎》(*Mathematical Foundations of Quantum Mechanics*)，於1932年出版。他將「希爾伯特空間」引入量子力學的理論體系，證明了複平面上的向量幾何與量子力學系統的各種狀態有著相同的公式化特徵，從而建立了一整套用於描述神祕莫測的量子現象的數學模型，意義非常重大。就像他在書中說的那樣：「由希爾伯特最早提出的數學思想就能夠為物理學的量子理論提供一個適當的基礎，而無須再為這些物理理論引進新的數學構思。」就這樣，馮諾伊曼從一個數學家，搖身一變成為了量子力學大師。現在，「希爾伯特空間」已經成為量子研究者不可或缺的數學工具。

下面我們對希爾伯特空間做一下簡單介紹。馮諾伊曼發現，態疊加原理還可以換一種方式來表述：描述體系狀態的所有波函數構成一個集合 $\{\psi n\}$，該集合中任意幾個波函數的線性疊加可以得到一個新的波函數，這個新的波函數仍然在此集合中。也就是說，該集合對於線性疊加是封閉的，數學上把這樣一個集合稱為線性空間。如果該集合中所有波函數都已經歸一化，則稱為希爾伯特空間。

由此，馮諾伊曼得到了一種描述量子體系狀態的數學形式——希爾伯特空間。描述體系狀態的全部波函數張開一個希爾伯特空間，量子體系所有的活動都是在這個空間中進行的。

第四篇　量子奧義·疊加與測量

在希爾伯特空間中,一個波函數類似於幾何學中的一個向量,所以波函數也被稱為態向量,簡稱態矢。

我們以電子的自旋為例,電子的自旋量子態處於自旋向上（α）和向下（β）的疊加態,這樣就構成一個二維希爾伯特空間,它是由 α 和 β 這兩個基矢張成。所有的態向量都可以用下式來表示:

$$\psi = \cos\frac{\theta}{2}\alpha + \sin\frac{\theta}{2}(\cos\phi + i\sin\phi)\beta$$

$$(0 \leqslant \theta \leqslant \pi, 0 \leqslant \phi \leqslant 2\pi)$$

這些向量在球極座標系中構成一個封閉的球面,球面上每一個點對應的向量都是一個態矢,也就是說,所有的態矢與球面上的點都是一一對應的,這個球被叫做布洛赫球（圖 15-6）。

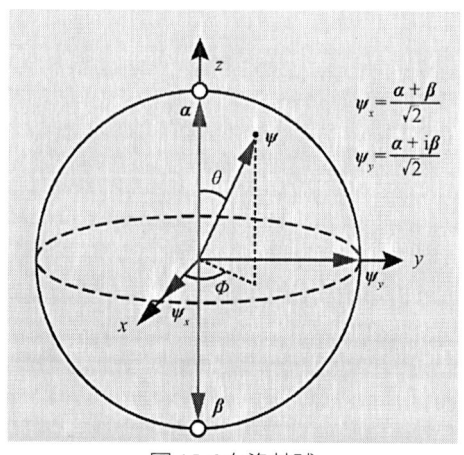

$$\psi_x = \frac{\alpha+\beta}{\sqrt{2}}$$

$$\psi_y = \frac{\alpha+i\beta}{\sqrt{2}}$$

圖 15-6 布洛赫球

布洛赫球北極和南極的兩個向量分別代表 α 和 β，其他向量是 α 和 β 的不同疊加態（如圖中沿 x 軸的向量 ψ_x 和沿 y 軸的向量 ψ_y）。這樣，分析波函數（態向量）的演化就有了一種形象的視覺化手段，這在量子電腦的研究中是非常有用的。

現在，波函數已經有了 4 種叫法——波函數、態函數、機率幅和態向量。這 4 種叫法從不同的視角展示了量子力學的特性，其中態向量主要展現了波函數的疊加特性。不同的形式並不影響有物理意義的結果，所以允許我們選擇方便的形式來處理具體的物理問題。

擴展閱讀

微中子振盪與疊加態微中子是基本粒子之一，宇宙中有大量的微中子，例如，超新星爆發會產生大量微中子，太陽裡面的輕核融合也會放出大量微中子。微中子質量小，不帶電，運動速度接近光速，只參與非常微弱的弱相互作用，具有極強的穿透力，能輕鬆穿透地球，就像宇宙間的「隱形人」。

地球上每平方公分每秒有 600 億至 1200 億個微中子穿過，但是每 100 億個微中子中才有一個會與物質發生反應，因此微中子的檢測非常困難。1930 年，包立提出了微中子的假說，直到 1956 年才被觀測到，證明了它的存在。

第四篇 量子奧義・疊加與測量

微中子有 3 味，分別是電子微中子（ν_e）、μ 子微中子（ν_μ）和 τ 子微中子（ν_τ），這三味微中子除了質量依次增大外，其他性質完全一樣。在對微中子的觀測中，人們發現它有一種奇特的性質，就是它能夠變身。它在飛行過程中會從一味微中子變成另一味微中子，而且還能變回來，這樣不斷地變來變去，呈現出週期性的轉化，人們稱之為微中子振盪。

這三味微中子在理論上是不會相互轉化的，那麼，為什麼在實驗中總是觀察到週期性的轉化呢？

原來，微中子有三種質量本徵態（ν_1、ν_2、ν_3），三味微中子都處於這三種質量本徵態的疊加態。即：

$$\nu_e = C'_1 \nu_1 + C'_2 \nu_2 + C'_3 \nu_3$$

$$\nu_\mu = C''_1 \nu_1 + C''_2 \nu_2 + C''_3 \nu_3$$

$$\nu_\tau = C'''_1 \nu_1 + C'''_2 \nu_2 + C'''_3 \nu_3$$

三種質量本徵態（ν_1、ν_2、ν_3）的波長不一樣，這些非常微小的波長差異，在累積了足夠長的距離之後，就會變成顯著的相位差異，導致在不同距離上疊加態的組合係數不一樣。假設一開始我們只有 ν_e，經過一段時間，飛行一定距離後，它的組合係數由 C'_1、C'_2、C'_3 演化成了 C_1、C_2、C_3 變成了

$$v = C_1 v_1 + C_2 v_2 + C_3 v_3$$

　　於是這時候的微中子實際上成了 v_e、v_μ 和 v_τ 的疊加態，這時候進行測量，就有了 v_μ 和 v_τ 出現的機率，而 v_e 出現的概率則比原來低了。隨著組合係數的演化，測量結果會週期性變化，這個週期通常在千尺量級。

　　微中子的振盪現象，可以看作是態疊加原理有效性和必要性的直接證據。如果沒有疊加態的存在，很難解釋微中子振盪現象。

第四篇　量子奧義・疊加與測量

第五篇
量子奧義・糾纏

第五篇　量子奧義・糾纏

分而不離

愛因斯坦是量子理論的創始人之一。但他卻是堅定的決定論信奉者，他堅信「上帝不會擲骰子」，反對機率論，尤其不認同不確定性原理和疊加態。1927年和1930年，他在索爾維會議上兩次就不確定性原理發起攻擊，都被波耳化解，以失敗而告終。但是，愛因斯坦並沒有放棄，他改變策略，決定採用反證法，從內部攻破這座堡壘：如果從量子力學基本原理出發，推演出一個十分荒謬的結果，那不就說明量子力學是不完備的嗎？

要知道愛因斯坦可是把狄拉克的《量子力學原理》當休閒讀物來讀的人，雖然大家公認波耳是量子力學的領軍人物，但實際上愛因斯坦對量子力學也是瞭如指掌。在愛因斯坦苦心孤詣的推敲下，他終於發現了量子力學的一處「破綻」。但是，他這一次不能直接面對面的和波耳交鋒了，因為，歐洲發生了巨大的變化。

1933年，德國納粹上臺，歐洲戰雲密布。德國國內，排擠猶太人的行動愈演愈烈，連愛因斯坦也未能倖免。猶太人科學家紛紛逃離德國乃至歐洲，在這樣的情勢下，愛因斯坦於1933年10月移居美國，從此再沒回過歐洲大陸。

儘管1933年的第七次索爾維會議仍然按時在布魯塞爾召

開,但愛因斯坦已經沒法參加了。而哥本哈根學派以波耳為首,海森堡、包立、狄拉克等人悉數出席,可謂陣容強大。雖然持決定論的德布羅意和薛丁格也出席了會議,但失去了主心骨愛因斯坦,兩人都沒有向量子力學提出挑戰,這令波耳大大鬆了一口氣。看起來,論戰似乎已經塵埃落定。

儘管這時候波耳和海森堡還是為了量子力學而並肩戰鬥的情同父子的師徒,但他們不會想到,幾年後,兩人的關係會發生急遽的變化。1940年,德國出兵占領了丹麥,波耳的研究所被監控起來。1941年,海森堡造訪波耳的研究所,這時候,他已經成為德國原子彈計劃的總負責人,身分特殊。兩人的談話是在波耳的辦公室裡進行的,海森堡試探性地問了些問題,而波耳假裝沒聽懂,於是這次簡短的談話不歡而散。1943年9月,波耳祕密逃離丹麥,直到戰後才回來。戰後,海森堡被美軍俘虜,送到英國關押起來,但在1946年被釋放。後來,海森堡和波耳又有幾次見面,但兩人的關係再也不可能回到從前了。

1933年10月,愛因斯坦移居美國後,入駐普林斯頓高等研究院,這一年,他已經54歲了。他原來習慣說德語,但在這裡需要靠英文交流,由於他的英文說的不太好,所以第二年,他給自己招了兩名助手。一個是來自麻省理工學院的25歲年輕人羅森(Rosen),另一個是在俄羅斯出生的39歲的波多爾斯基(Podolsky)。

第五篇　量子奧義・糾纏

　　生活步入正軌後，愛因斯坦終於開始實現他再次挑戰量子力學的計畫了。他把自己發現的量子力學的「破綻」告訴他的兩個助手，討論了幾次以後，愛因斯坦安排羅森做大部分的數學計算，然後安排波多爾斯基執筆撰寫論文。

　　1935 年年初，波多爾斯基將論文寫好了，愛因斯坦看過之後不太滿意，但他也不想再改了，因為畢竟需要用英文撰寫，這對習慣用德語的愛因斯坦來說並不容易，所以他最後同意發表。1935 年 5 月，這篇題為《量子力學對物理實在性的描述是完備的嗎？》(*Can Quantum-Mechanical Description of Physical Reality Be Considered Complete?*) 的論文發表在《物理評論》(*Physical Review*) 上，這篇論文的觀點後來以三位作者姓名的首字母命名，被人們稱為「EPR 弔詭」(EPR paradox)。

　　愛因斯坦隨後寫信向他的堅定追隨者薛丁格介紹了論文的由來：「因為語言問題，這篇論文在長時間的討論之後是由波多爾斯基執筆的。我的意思並沒有被很好地表達出來。其實，最關鍵的問題反而在研究討論的過程中被掩蓋了。」即便如此，EPR 論文中的觀點仍然引起了量子力學界的震動。「太不可思議了！」「這怎麼可能？」是很多人的第一反應。薛丁格也備受鼓舞，忍了這麼多年，終於要揚眉吐氣了，他不但給 EPR 論文中描述的粒子狀態起了個名字叫「糾纏態」，還趁勢提出了「薛丁格的貓」弔詭（見第 13 章），為擔任主攻的愛因斯坦輸送砲彈。

薛丁格還是有兩下子的,「糾纏態」這個名字起的非常形象,比「EPR 弔詭」好記多了,一下子就傳開了。那麼,到底什麼是糾纏態呢?

愛因斯坦發現,根據量子力學原理可推導出一個結論——對於一對出發前有一定關係、但出發後完全失去連繫的粒子,對其中一個粒子的測量可以瞬間改變任意遠距離之外另一個粒子的狀態,即使二者間不存在任何連線,這對粒子就處於「糾纏態」。這個改變在瞬時發生,不需要任何傳遞時間,也就是說,這個改變是超光速的。

設想有一個量子系統由兩個電子 A 和 B 構成,但兩個電子的總自旋為零,這意味著它們總是處於自旋相反的狀態。現在將兩個電子分別置於相距遙遠的兩個地方,例如,A 在地球上,B 在火星上。按照量子力學,這時候每個電子都處於自旋向上和自旋向下的疊加態,是不確定的。但如果對地球上的電子 A 進行測量,假設其隨機變為自旋向上的確定態,那麼火星上的電子 B 會瞬間變成自旋向下的確定態,即使你沒對它測量(圖 16-1)。也就是說,B 的狀態似乎是瞬間被 A 的測量所控制,這種控制行為以超光速的方式發生。這是從量子力學原理推演出來的必然結果。

第五篇　量子奧義・糾纏

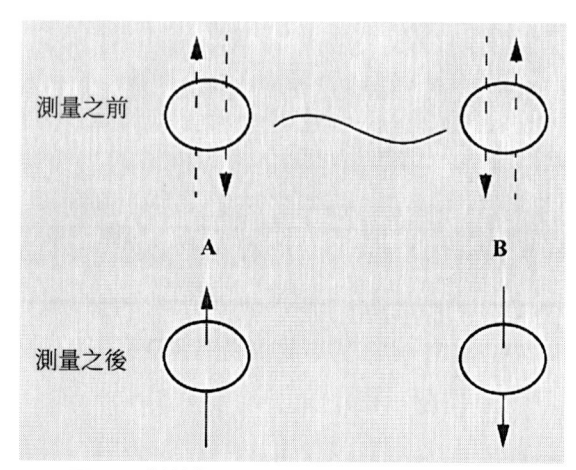

圖 16-1 糾纏態電子測量前後自旋狀態的變化

　　根據量子力學，處於糾纏態的粒子，即使空間上分離遙遠，仍然存在內在量子關聯，它們的量子關聯與距離無關，對其中一個粒子的任何操作都會瞬時地改變另一個粒子的狀態。愛因斯坦抓住的「破綻」，就是這個「瞬間改變」，他認為這違反了相對論裡資訊傳遞速度不能超過光速的原理，將違背因果律，所以是根本不可能的。為了突顯其「荒謬」，愛因斯坦把它叫做「幽靈般的超距作用」，以此來證明量子力學是不完備的。

擴展閱讀

　　上述例子如果用量子力學的語言來描述，可以這樣表述：電子的自旋量子態處於自旋向上（設其波函數為 α）和向下

(設其波函數為 β)的疊加態，兩個電子 A 和 B 總自旋為零的狀態只有兩種可能：A 上 B 下（$\alpha_A\beta_B$）和 A 下 B 上（$\beta_A\alpha_B$），因此，AB 系統的狀態應當是

$$\psi_{AB} = \frac{1}{\sqrt{2}}(\alpha_A\beta_B + \alpha_B\beta_A)$$

或 $$\psi_{AB} = \frac{1}{\sqrt{2}}(\alpha_A\beta_B - \alpha_B\beta_A)$$

ψ_{AB} 就是糾纏態（式中，$\frac{1}{\sqrt{2}}$ 為歸一化係數）。如果進行測量，系統將有 50% 的機率塌縮為 $\alpha_A\beta_B$，在此態中 A 電子自旋向上 B 電子自旋向下；另有 50% 的機率塌縮為 $\beta_A\alpha_B$，此狀態中情形剛好相反。由此不難看出，無論測量使系統塌縮到哪個狀態，兩電子的自旋方向總是相反。雖然你無法預測單次測量結果，但是你能確定，無論 A 變成什麼，B 總是與它相反。

EPR 論文一經發表，哥本哈根學派就坐不住了。包立給海森堡寫信說：「愛因斯坦再一次公開抨擊量子力學，甚至發表在 5 月 15 日的《物理評論》上，還有波多爾斯基和羅森也跟著起鬨。正如我們都知道的，這種事情無論何時發生，都是一場災難。」然後包立鼓動海森堡立刻撰文反駁。

海森堡還沒想好怎麼反駁，波耳就已經行動了。當波耳看到 EPR 論文後，大驚失色，他立即放下手頭的一切工作來思索如何應對。經過 3 個月的艱苦工作，波耳終於把回應提

交給《物理評論》雜誌。他的論文題目和 EPR 論文題目一模一樣：《量子力學對物理實在性的描述是完備的嗎？》。

實際上，波耳的反駁並不像前兩次那樣有力，因為「糾纏態」的推論本來就沒有錯，波耳也承認這種推論結果的存在，不過，愛因斯坦認為這種結果根本不可能發生，而波耳認為是可以發生的，僅此而已。也就是說，對於論文題目，愛因斯坦給出的答案是「否」，而波耳給出的答案是「是」。

這樣的爭論其實陷入了哲學上的爭論，是不會分出勝負的。狄拉克最開始被愛因斯坦震住了，他對身邊的人說：「現在我們不得不重新開始了，因為愛因斯坦證明量子力學行不通。」不過，當波耳的回應發表後，他又改變了主意，他選擇相信波耳，因為量子力學早已證明它的價值，沒必要推倒重來。但是，他的哲學觀點還是動搖了，他後來在 1975 年的一次演講中說道：「關於現在的量子力學，存在一些很大的困難……我認為很可能在將來的某個時間，我們會得到一個改進了的量子力學，使其回到決定論，從而證明愛因斯坦的觀點是正確的。」

從狄拉克態度的變化，就能看出愛因斯坦這一次對量子力學的反擊是相當有力的，沒有人認為超光速的變化是可能的，除了波耳。很顯然，要想一分勝負，只有透過實驗來判定。可惜的是，糾纏態實驗太難做了，波耳和愛因斯坦都沒有在有生之年看到它，這真是物理學界的一大憾事。而這也

導致愛因斯坦一輩子都不接受量子力學對世界本質的描述。海森堡在回憶文章中寫道:「1954 年,愛因斯坦去世前幾個月,他跟我討論了這個問題。那是我同愛因斯坦度過的一個愉快的下午,但一談到量子力學的詮釋時,仍然是他不能說服我,我也不能說服他。他總是說:『是的,我承認,凡是能用量子力學計算出結果的實驗,都是如你所說的那樣出現的,然而這樣的方案不可能是自然界的最終描述。』」

1955 年 4 月 18 日,愛因斯坦逝世,享年 76 歲。1962 年 11 月 18 日,波耳逝世,享年 77 歲。雖然波耳的黑板上仍然畫著愛因斯坦的光盒,但失去了主角的世紀論戰已然成為了歷史的絕唱。

第五篇　量子奧義·糾纏

扔掉骰子

關於量子糾纏，有一個常見的錯誤比喻，這就是愛因斯坦提出來的手套比喻。愛因斯坦認為，一對糾纏的粒子在出發前其實已經固定了狀態，不過是你不知道罷了。就像把一雙手套分別放在兩個密閉的箱子裡，當你開啟一個箱子發現是左手的時候，你瞬間就知道另一個是右手。這樣的話就不存在超光速的問題了，因為根本沒有資訊傳送。但事實上這個比喻不符合量子力學的思想，因為這裡否定了疊加態的存在，這是愛因斯坦所支持的決定論思想的展現。如果按量子力學的思想，兩個箱子裡的手套都是處於左右手套的疊加，是不確定的。如果還用兩個總自旋為零的糾纏態電子為例，那麼就是片面的。愛因斯坦對於糾纏與測量的看法可以用圖 17-1 表示，它與圖 16-1 是完全不同的。

事實上，愛因斯坦的觀點在那個年代是不好反駁的。因為量子力學雖然承認疊加態的存在，但是你是沒法直接觀察疊加態的，因為你一測量它就變成了確定態。所以即使之前是左右手套的疊加，但是你一開啟箱子只能看到是左手或右手，和愛因斯坦看到的結果是一樣的。所以波耳和愛因斯坦都無法證明對方是錯的。

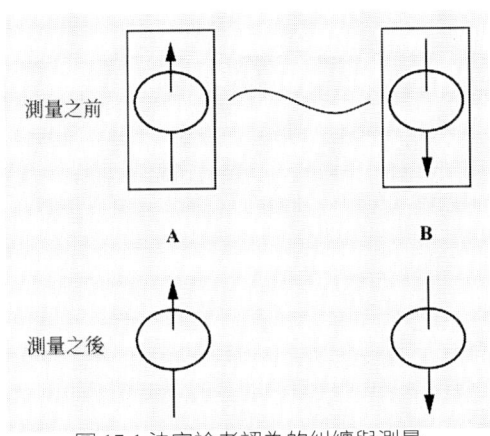

圖 17-1 決定論者認為的糾纏與測量

　　持決定論的物理學家們認為，目前量子理論之所以是一個機率統計理論，是因為還存在著尚未發現的隱藏變數，簡稱為「隱變數」。如果能找出這些隱變數並把它們加入量子力學的方程式裡，就可以對微觀粒子的運動狀態做出「精確」的描述，而不只是「機率」性的描述。這種理論被統稱為隱變數理論（hidden variable theory）。在愛因斯坦的支持下，這樣的思想一直沒有絕跡，雖然勢力弱小，但一直堅持與量子力學的正統解釋做對抗。

　　最早的隱變數理論就是德布羅意的「導航波理論」。在導航波理論中，德布羅意認為，粒子和波是同時存在著的，粒子就像衝浪運動員一樣，乘波而來，在波的導航下，粒子從一個位置到另一個位置，它是有路徑的。但是，在第五次索爾維會議上，他被包立批駁得啞口無言，愛因斯坦也沒有

第五篇　量子奧義・糾纏

給予他相應的支持,這讓德布羅意非常失望。幾天後會議結束,愛因斯坦要回家了,也許是出於歉意,他拍著德布羅意的肩膀說:「要堅持,你的路是對的。」但是愛因斯坦的鼓勵並沒有造成作用,德布羅意放棄了他的理論,沒有繼續往下研究。

隨著量子力學的蓬勃發展,隱變數理論陷入谷底,愛因斯坦雖然在不斷給量子力學挑毛病,但他自己並沒有提出一個隱變數理論。

直到 1950 年代,隱變數理論才重新煥發出生機。1951 年左右,在愛因斯坦的鼓勵下,普林斯頓大學的物理學家戴維・玻姆(David Bohm)將德布羅意的導航波理論重新挖掘出來並加以修葺,發展出一個新版本的隱變數理論,被稱為玻姆理論,也叫量子位能理論(Quantum Potential Theory)。他在 1952 至 1954 年期間接連發表數篇重要論文,奠定了量子位能理論的基礎。

在玻姆理論中,波和粒子同時存在,粒子沿著一條由波函數控制的確定軌跡演化。這套理論能讓人們用類似牛頓力學的方法來研究量子世界的規律,而且還能解釋許多量子實驗,這讓持決定論思想的人們大為振奮。

玻姆的父親原籍奧匈帝國,後遷居美國,玻姆在美國出生。1947 年,玻姆獲得博士學位,來到普林斯頓大學成為助理教授,擔任量子力學課程的教學。1951 年,他撰寫了《量

子理論》(*Quantum Theory*)一書，由於這部書清晰地闡述出量子力學公式背後的重要物理思想，並很詳細地討論了通常容易被忽視的困難問題，如量子理論的古典極限、測量問題以及 EPR 弔詭等，一出版便大受歡迎。在書中，玻姆清醒地指出，EPR 弔詭中所揭示的量子糾纏關係，是一種「非因果關聯」，即使存在這種超距作用，也不會破壞因果律。所以 EPR 弔詭對量子理論的殺傷力，並沒有愛因斯坦想像的那麼大。

在完成《量子理論》一書後，玻姆將他的書分寄給了愛因斯坦、波耳和包立。波耳沒有答覆。包立熱情地稱他寫得好。愛因斯坦最為重視，近水樓臺先得月，他直接邀請玻姆到他寓所進行討論。玻姆找到愛因斯坦，與他做了詳盡的討論。在與愛因斯坦的討論中，玻姆極大地強化了這樣一種信念，就物理學應該對物理實在做出客觀而完備的描述而言，量子理論缺少了某種基本的東西。於是，在愛因斯坦的鼓勵下，他開始發展隱變數理論。

不久，玻姆在普林斯頓大學的合約期滿，當時麥卡錫主義盛行，他害怕在美國遇到不測，於是在 1951 年秋離開美國到巴西任教。果然不出所料，玻姆在巴西期間，美國官方取消了他的護照，致使玻姆開始了流亡國外的學術生涯。1955 年，玻姆輾轉到了以色列，1957 年又移居英國。多年的漂泊並沒有扼殺他的研究熱情，他在以色列期間對 EPR 弔詭進行了詳細的邏輯梳理和重新闡釋，為後來貝爾（John Stewart Bell) 發現著名的貝爾不等式 (Bell's theorem) 做出了重要鋪陳。

在玻姆的理論中,波函數被重新解釋為一種表達客觀實在的場。玻姆假設存在一種實在的粒子,其運動嵌在場中,沿著實在的空間軌道,並且依照強加的「條件」,「受制」於相位函式。於是,每一個場中的每一個粒子均具有精確定義的位置和動量,沿著相應相位函式決定的軌道運動。這樣得到的運動方程式不僅依賴於古典位能 (potential energy),還依賴於由波函數決定的另一種位能,玻姆稱之為量子位能。

按量子位能理論,原則上我們能追蹤每一個粒子的軌跡。但是由於我們無法確定每個粒子的初始條件,所以才只能電腦率。機率仍然連繫著波函數的振幅,但這並不意味著波函數只有統計意義。相反,波函數被假設具有很強的物理意義──它決定了量子位能的形狀。圖 17-2 給出了對具有一定量子位能初始條件的電子計算出的雙縫實驗的運動軌跡。可以看到,各條軌跡在離開每一縫隙後立刻發散,但它們互不相交。兩個縫隙的軌跡在正中間有分界線,各占螢幕的一半。電子會沿圖中的某一條軌跡運動,然後落在螢幕上,每個電子有不同的初始條件,所以它們各自沿著不同的軌跡到達螢幕,結果是屏上的干涉影像的形成。

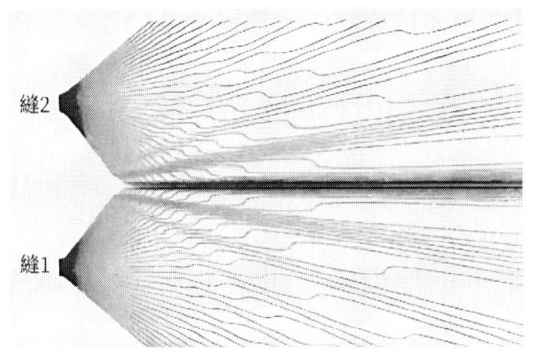

圖 17-2 用量子位能計算出的電子透過雙縫的理論軌跡

量子位能理論雖然認為粒子的位置和動量在原理上是可以精確確定的,但也承認測量儀器或測量過程對波函數有重要影響,因而會直接影響量子位能,從而影響粒子路徑。所以測量儀器仍然是關鍵,量子粒子的軌跡取決於實驗設定。在測量儀器對測量結果有決定性影響這一點上,玻姆理論與波耳的主張實際並不衝突。

「整體性」是量子位能理論的核心,量子位能實際上將空間裡的所有東西看作一個不可分割的整體,任何測量儀器的變化都將導致整個量子位能場的變化。量子位能理論採取的是「自上而下」的方法:整體比其區域性之和具有大得多的意義,並且實際上決定著各個區域性的性質和行為。

到了 1980 年代,玻姆又將其理論進一步發展,提出了「隱序理論」(implicate order theory)。他認為,物理世界有確定的秩序,不過這些訊息因為波函數「捲起」而隱藏,一切可

被感知和加以實驗的顯序（explicate order）乃是包含在隱序裡的潛在性的實現，此時波函數被「展開」。隱序不但包含這些潛在性，而且決定著哪一個將被實現。在此，波函數的捲起和展開活動是最基本的。波的性質和粒子的性質在波函數不斷地捲起和展開中得到展現。

1992 年，玻姆逝世，從 1952 年提出理論到 1992 年逝世，在 40 年的時間裡，除了寥寥幾位物理學家的支持，玻姆幾乎一直都是在孤獨地耕耘著這片土地。但是，在玻姆去世以後，玻姆理論受到越來越多的關注，陸續出現了一些研究將玻姆理論繼續向前推進。有的學者將其推廣到相對論時空中，有的學者打通了玻姆理論與量子場論（Quantum field theory）的連繫。儘管前路艱難，但這是決定論者眼裡一點微弱的希望之光，它能否成功還需要後來者繼續探索。

不等式的判決

愛因斯坦和波耳的世紀之爭，在 1960 年代終於迎來了轉機，人們終於能夠將爭論從哲學層面轉移到物理上來，這其中最大的功勞，要歸功於貝爾不等式的發現。

約翰·斯圖爾特·貝爾（John Stewart Bell）在 1956 年取得了英國伯明翰大學的物理學博士學位。他先後在英國原子能管理局和日內瓦的歐洲核子研究組織（CERN）工作。雖然他的主業是從事粒子物理學和粒子加速器的研究，但他的「業餘愛好」是探索量子論的基本問題。上大學時，貝爾的物理成績非常優秀，但他不滿意老師講授的量子論，他發現量子論某些神祕的特性在課堂上沒有得到解釋，因此，他一直想找到答案，所以就利用業餘時間自己進行研究。

1963 年，貝爾休了一年假，離開歐洲去美國訪學。他終於有時間全身心地投入自己的「業餘愛好」當中，去真正探索量子力學的核心問題。1964 年，他回到歐洲，連續寫了兩篇論文。正是這兩篇論文，讓他的「業餘愛好」成了他主要的物理學成就。

第一篇是《論量子力學的隱變數問題》，這篇論文勇敢挑戰了馮諾伊曼（John von Neumann），指出了他關於隱變數理

論的錯誤論斷。馮諾伊曼在《量子力學的數學基礎》(Mathematical Foundations of Quantum Mechanics) 一書裡，假設幾個可觀測量之和的預期值等於其中每一個可觀測量的預期值之和，並由此證明能夠減少量子體系不確定性的「隱變數」是不存在的。貝爾指出這一假設從物理學角度看是不成立的，這樣，馮諾伊曼否定隱變數理論的論斷就是錯誤的。這一發現，消除了物理學界對隱變數理論多年的誤解。

第二篇論文題目叫《論 EPR 弔詭》，在這篇論文中，貝爾提出了著名的貝爾不等式。

貝爾發現了當年玻愛論爭中的一個重要事實：所謂「EPR 弔詭」根本不是什麼弔詭。愛因斯坦和波耳爭論的焦點就在於糾纏態可不可能存在。他發現，糾纏態跟愛因斯坦所堅信的定域關聯無法並存，但是，如果是非定域關聯，糾纏態就是可以存在的。

在兩個空間上分離的物理系統中，對一個系統的作用（如測量）不會立即對另一個系統產生影響，這就叫「定域關聯」。定域關聯建立在一系列從一點到下一點、在空間連續傳遞的影響機制之上，所以一定時間內，因果關係只會維持在特定的區域，影響速度不能超光速。但是「非定域關聯」就不受光速的限制，對一個系統的作用會瞬間對另一個系統產生影響。

所以說，問題的關鍵是如何找到一個可行的實驗方案，使定域關聯和非定域關聯的實驗結果具有明顯的區別，這樣

就能判斷誰是誰非了。經過仔細研究，貝爾終於推導出一個計算關聯程度的不等式，如果是定域關聯，就滿足這個不等式，如果是非定域關聯，就違背這個不等式。這就是貝爾不等式。

按照貝爾不等式，如果兩個糾纏態粒子出發後就確定了狀態（愛因斯坦的觀點），那麼，這兩個粒子的測量結果關聯度：

$$|S| \leqslant 2$$

反之，如果兩個糾纏態粒子出發後狀態不確定，只有測量時才會隨機變化（量子力學的觀點），這個關聯度將會突破2，最大達到$2\sqrt{2}$。

貝爾不等式給出了定域和非定域的檢驗標準，具有重要意義，但是，不知為何，貝爾的文章沒有發表在知名期刊上，而是刊登在名不見經傳的美國《物理》雜誌上。這個雜誌1964年剛剛創刊，貝爾的文章就發表在創刊號上。更悲催的是，《物理》雜誌竟然沒辦下去，只發行了一年就停刊了，成為歷史上最短命的物理學雜誌。於是，貝爾不等式一度被埋沒在浩瀚的文獻資料裡，不為人知。

1967年，美國哥倫比亞大學的博士研究生約翰·克勞澤（John Francis Clauser）在圖書館查閱資料時，偶然翻閱到了貝爾的論文。克勞澤讀完這篇論文，馬上意識到，貝爾不等式

第五篇　量子奧義・糾纏

可以驗證 EPR 弔詭的實質。克勞澤的博士研究課題是宇宙微波背景輻射和射電天文學，但他和貝爾一樣，「業餘愛好」也是量子理論。克勞澤對 EPR 弔詭非常熟悉，也很了解波姆的隱變數理論，自己平時沒事就思考這個問題，所以當他看到貝爾不等式以後，馬上茅塞頓開。他決定自己做實驗，驗證貝爾不等式是否成立。

身為一個學生，克勞澤自己並沒有獨立的研究經費，導師也對於他的研究計畫不感興趣，所以他只好自己東拼西湊收集實驗器材，設計實驗方案，準備的非常艱難。1969 年，他終於完成了實驗方案設計，於是向一個物理研討會寄去了論文摘要，介紹驗證貝爾不等式的實驗可以如何設計。這一摘要發表在 1969 年春美國物理學會（American Physical Society）華盛頓會議的《快報》上。

不久後，孤軍奮戰的克勞澤接到了一個電話，是波士頓大學的阿伯納・西摩尼和麥可・霍恩打來的。克勞澤與他們並不相識，但是，當他們表明來意後，克勞澤激動起來，他們要跟克勞澤合作研究！原來，西摩尼和霍恩也在籌劃相同的實驗內容，當他們看到克勞澤的會議摘要後，就連繫了他。兩人已經找好了實驗場地，還找到了一位實驗物理學家理查・霍爾特幫忙，這對克勞澤來說簡直是雪中送炭，他一分鐘也沒多想，立刻答應下來。就這樣，他們一起投入了這項研究。

很快，他們就完成了一篇開創性的論文，將其發表於1969年的《物理評論快報》(Physical Review Letters)。該文取消了貝爾不等式的一條特殊的限制性假設，從而改良了貝爾不等式，使它的判定結果更加可靠，實現了新的理論突破，並詳細描述如何用一個改進的實驗來驗證貝爾不等式。

隨後，他們開始開展實驗。首先，他們需要一對處於糾纏態的粒子，他們選擇了「孿生光子」。對於某些特殊的激發態原子，電子從激發態經過連續兩次量子躍遷返回到基態，可以同時釋放出兩個沿相反方向飛出的光子，而且這個光子對的淨角動量為零。這種光子稱為「孿生光子」。他們選擇了鈣原子（^{40}Ca），將其用強紫外線激發後，會放出「孿生光子」，如圖 18-1 所示。

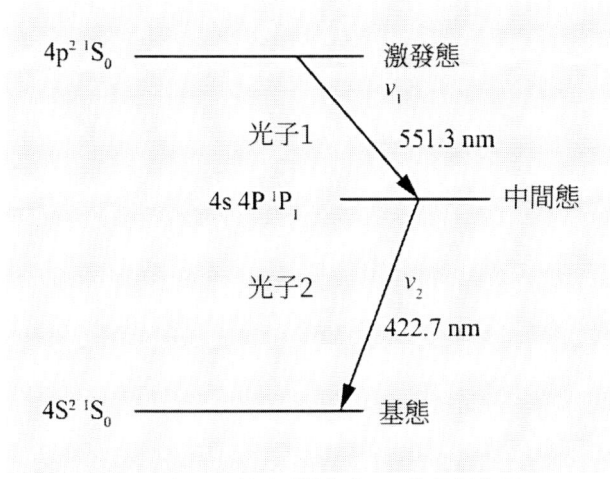

圖 18-1 鈣原子放出「孿生光子」能級變化圖

第五篇　量子奧義・糾纏

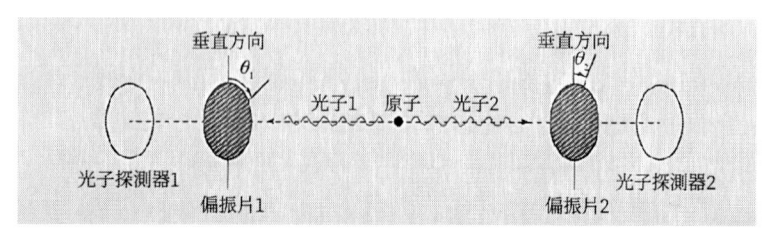

圖 18-2 透過處於糾纏態的孿生光子檢驗貝爾不等式的實驗示意圖

　　孿生光子產生後沿相反方向飛出，已經沒有任何連繫，但是因為它們的淨角動量為零，所以從理論上來講，如果你對其中一個光子進行偏振方向測量，另一個光子就必須得和這個光子保持偏振方向一致，否則就沒法維持淨角動量為零。這就說明，這兩個光子是相互糾纏的。

　　實驗示意圖見圖 18-2。

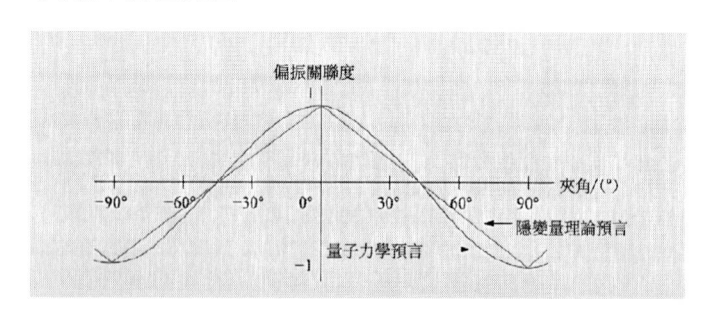

圖 18-3 量子力學和隱變數理論預言的偏振關聯度曲線

　　把兩塊偏振片分別放在左右兩邊，分別測量這對「孿生光子」的偏振方向，然後計算偏振關聯度。為了驗證貝爾不等式是否成立，需要改變兩個偏振片的夾角，讓它們的夾角在 − 90°至 90°的範圍內任意變化。量子力學和隱變數理論之

146

間的差別非常微小，研究者只有精確地測量光子對在不同偏振角度下的偏振關聯度（圖 18-3），才能判斷哪一種理論是正確的。

由於他們使用的光訊號很弱，還有很多雜散的非相關的光子，所以實驗難度很大。但是經過艱苦的努力，他們終於獲得了有效的實驗數據，結果是：貝爾不等式不成立！這一結果有力地支持了量子論，否定了愛因斯坦的定域論和實在論，從而證實非定域關聯確實存在。

克勞澤等於 1972 年發表了實驗結果，但是也遺留了一些問題。受條件限制，他們的實驗中有大量未被觀察的光子，實驗所用的探測器功效也十分有限。因此，探測器的有限功效和大量未被觀測的光子對實驗結論的影響究竟有多大，就成為一個重大問題。

隨著技術的進步，雷射技術被引入到實驗中，人們有了完善這一實驗的能力。1982 年，法國巴黎大學的阿蘭・阿斯佩（Alain Aspect）採用雷射激發鈣原子，又做了一系列精度更高、實驗條件更苛刻的實驗。他把兩個偏振片之間的距離增加到 13m，採用了聲光調製器控制的量子開關變換偏振片方向。光傳輸這 13m 的時間是 43ns，而量子開關時間僅有 6.7 至 13.3ns，這樣就排除了兩個光子在進入開關前有相互連繫的可能。為了消除實驗的系統誤差，他們還採用了光子雙通道的方案，使光子先經過一道閘門，然後進入偏振器，

閘門可以改變光子的方向,引導它去向兩個不同的方向。最後把四個通道的測量數據匯總到監測器中進行符合處理(圖18-4)。

阿斯佩的實驗思想之精巧,設計之精密,裝置器材之精良堪稱一絕,使業內人士無不讚嘆。最終,他以極高的精度確切地證明了貝爾不等式不成立,更關鍵的是,實驗數據與量子理論符合的很好(圖18-5),隱變數理論輸給了量子力學。

這一實驗是阿斯佩的博士論文研究成果。1983年,在阿斯派克特的博士論文答辯會上,貝爾親自到場,考察了他的實驗,對這一成果讚嘆不止。從1964年貝爾不等式發表,到1982年阿斯佩實驗成功,物理學家們經過近20年的奮鬥,終於為玻愛之爭找到了答案。對貝爾來說,也終於了卻了他的一樁心願。

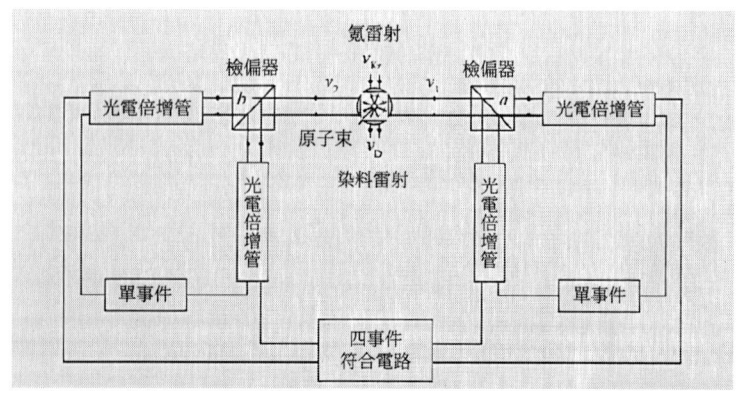

圖 18-4 阿斯佩檢驗貝爾不等式的實驗裝置圖

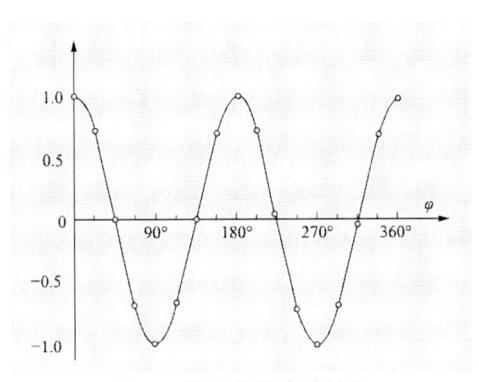

圖 18-5 阿斯佩的實驗結果

到了 1990 年代，人們把這個實驗中兩個偏振片之間的距離增加到近 11 km，結果仍然沒變。而且可計算出光子做出反應的速度至少超過了光速的 1000 萬倍！這個結果證實了愛因斯坦所不喜歡的「幽靈般的超距作用」確實存在，給予了非定域關聯絕對的支持，定域關聯被徹底否定。

儘管現在絕大多數人已經承認了量子力學的勝利，但是隱變數理論並沒有完全認輸，愛因斯坦的支持者仍然從極為苛刻的角度指出上述實驗仍然存在「漏洞」。所以直到現在，物理學家們還在進行著條件越來越苛刻的實驗。但是，無一例外，實驗越精確，結果與量子力學符合的越好。而隱變數理論也在積極求變，玻姆的理論就發展成了非定域的隱變數理論，並不能被貝爾實驗排除（非定域的隱變數已經悖離了愛因斯坦的初衷，愛因斯坦堅持的是定域關聯）。總之，這場爭論還沒有完全落幕。

第五篇　量子奧義・糾纏

雙粒子糾纏現象從實驗上被證實以後，人們自然而然地想到了多粒子糾纏的可能性。

1983 年，物質結構研究所發明了一種效能優異的非線性光學晶體——BBO 晶體（偏硼酸鋇晶體），其很快在量子光學領域獲得了廣泛應用。1995 年，奧地利物理學家塞林格（Anton Zeilinger）團隊發明了利用 BBO 晶體來實現雙光子偏振糾纏的方法——用一個紫外雷射脈衝照射 BBO 晶體，可以有一定機率產生一對偏振方向相互垂直的糾纏光子對。這為多光子糾纏的製備提供了基礎。

那麼如何製備三個相互糾纏的光子呢？ 1997 年，蔡林格團隊提出一個方案：把兩個糾纏光子對放入某種實驗裝置中，令光子對 1 中的一個光子跟光子對 2 中的一個光子發生糾纏（即令二者變得無法區分），二者構成新的糾纏關係；俘獲這個新的糾纏光子對中的一個光子，則剩餘的三個光子便會彼此糾纏。1999 年，蔡林格團隊首次實現了三光子糾纏。

隨著糾纏光子數的逐步增加，多光子糾纏被科學家們廣泛應用到量子力學理論檢驗、量子電腦、量子保密通訊、量子隱形傳態（quantum teleportation）等各個方面，極大地引領和推動了量子資訊科學的發展。2022 年，諾貝爾物理學獎授予了克勞澤、阿斯佩和蔡林格三人，以表彰他們「用糾纏光子進行實驗，證實貝爾不等式不成立並開創量子資訊科學」。

> **擴展閱讀**

糾纏態能不能超光速傳遞資訊？

面對糾纏態「幽靈般的超距作用」，人們最好奇的一個問題就是：糾纏態到底能不能超光速傳遞資訊？

筆者認為，答案是不行。糾纏態粒子雖然可以瞬時同步改變狀態，但並不能傳遞有效資訊。因為我們雖然能透過測量讓糾纏態粒子從疊加態變成確定態，但卻無法控制它們變成哪一種確定態，這種測量結果是隨機的，因此並不能傳遞有效資訊。

如果甲不打電話，乙就不知道對錯。顯然，只有配合打電話（或其他古典的訊息傳遞方式）才能傳遞有效訊息，這樣一來，糾纏態資訊傳遞速度還是不能超過光速。

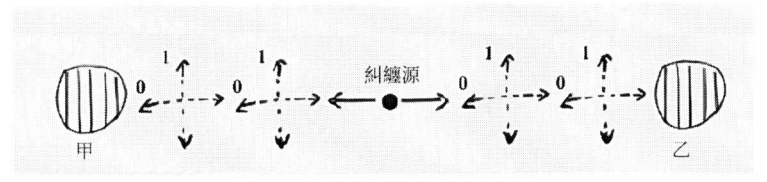

圖 18-7 糾纏態傳遞訊息示意圖

例如，我們還用上面的孿生光子來傳遞資訊，現代數位資訊都是由「0」和「1」組成的二進位制程式碼序列，假設我們要傳遞訊息「10」。如圖 18-7 所示，甲乙雙方事先約定偏振片垂直放置，把光子的垂直偏振態作為「1」，水平偏振態

作為「0」,然後甲製備 2 對孿生光子並測量自己這一側的光子,如果甲能控制測量結果按設定的規律「10」變化,那就好辦了,關鍵是,甲只能觀察結果是「0」還是「1」,而沒法控制它變成「0」或者「1」。於是,甲測量完以後,可能得到的是「11」,乙的測量結果同樣也是「11」,甲只能打電話(或其他古典的訊息傳遞方式)告訴乙,這次作廢,重來。重來可能得到的又是「00」,還不對,再重來。下一次,可能終於得到了「10」,可甲還得打電話告訴乙,這次對了,有效。

第六篇
量子・新發展

第六篇　量子・新發展

無路不走

如果給量子力學的創始人分一下代的話，普朗克、愛因斯坦和波耳應該算是第一代量子大師，1900 年至 1913 年，他們把量子理論引入了物理學；德布羅意、海森堡、薛丁格、玻恩、狄拉克和包立應該是第二代量子大師，1923 年至 1930 年，他們建立了量子力學的理論體系。這時候，量子力學的大廈已經基本成型了，大多數人只能添磚加瓦，但是誰也沒想到，有人還能直接加蓋一層樓，這個人就是第三代量子大師——理查・費曼（1918 年至 1988 年）。沒錯，他就是我們前面已經多次提到過的寫了著名的《費曼物理學講義》的費曼。

費曼在小學就表現出過人的數學天分，被稱為「數學神童」。1935 年，他進入麻省理工學院學習數學和物理，一入學就開始自學狄拉克的《量子力學原理》(The Principles of Quantum Mechanics)，書中的一句話成了他後來一生的信條，只要碰到棘手的問題，他就會習慣性地吟誦這句話：「看來這裡需要全新的物理思想。」

1939 年，費曼畢業後進入普林斯頓大學，師從約翰・惠勒（John Archibald Wheeler）攻讀研究生，選定了量子場論作為研究方向。

量子場論在 1927 年至 1928 年就出現了。量子場論的奠基人不是別人，正是狄拉克。約爾旦（Ernst Pascual Jordan）、維格納（Eugene Paul Wigner）、海森堡和包立等都做出了重要貢獻。我們知道，古典的電磁場理論很好地解釋了光的性質。電場和磁場的振動就是電磁波，電磁波就是光波。在量子理論誕生之後，物理學家們認識到，光子就是電磁場攜帶能量的最小單元，即光子是電磁場的場量子。於是他們進一步推測，既然電磁場的場量子是一個基本粒子，那麼電子是不是也是某個場的場量子？很快，他們就發展了相關理論，指出電子也可以看作是電子場的場量子。進一步地，每一種基本粒子都可以看成是一種獨特的場的量子化的表現形式。於是，量子場論逐漸發展起來了。

1929 年，一個新的名詞出現了──量子電動力學（Quantum Electrodynamics）。「量子電動力學」這個名字聽起來挺嚇人，但研究內容並不可怕，簡單來說，它是關於光和物質相互作用的量子理論。

量子電動力學誕生之初，遇到的最大困難就是在計算過程中總會出現無窮大。在量子場論中，電子被認為是沒有大小的點粒子，這導致隨著電子的半徑趨向於零，電子的質量和電荷將會變得無窮大。狄拉克在《量子力學原理》中那句「看來這裡需要全新的物理思想」，就是針對無窮大問題來說的。

費曼決定解決這個問題。大部分物理學家都認為他們面

第六篇 量子‧新發展

臨的困難主要在於數學方面，但是，量子電動力學所需要的數學越來越艱深，深得讓物理學家們望而生畏。費曼決定另闢蹊徑，跳過抽象的數學，用影像化的方法來解決問題。最後，他成功地創立了「路徑積分」的新方法，發明了費曼圖（Feynman diagram）直觀地處理各種粒子的相互作用，並且提出了「重正化」的數學技巧，一舉解決了這一難題，得到的計算結果與實驗結果達到了驚人的一致性。

例如，有個描述電子自旋的物理常數叫 g 因子（一個磁矩和角動量之間的比例常數），在狄拉克理論中的數值應該是 2，而費曼的計算預測 g 因子數值為 2.00231930476。目前所測的實驗值是 2.00231930482，這個預測結果是如此驚人的準確，不由得人們不承認費曼理論的正確性。用費曼的話來說，這一精度相當於測量紐約與洛杉磯之間的距離而誤差只有一根頭髮絲的粗細。

費曼總是能用最簡潔的影像或者語言描述最複雜的物理現象，具有透過現象看本質的本領。儘管量子電動力學的理論艱深複雜，但當人們問及他關於光與電子相互作用的量子機理時，他只用了三句話就道出了其中的精髓：第一，光子從一處到另一處的行為存在著機率關係；第二，電子從一處到另一處的行為也存在著機率關係；第三，吸收電子還是發射光子同樣存在著機率關係。他說，如果你能找到這些機率關係的話，你就會知道電子和光子在相互作用時該發生什麼事了。

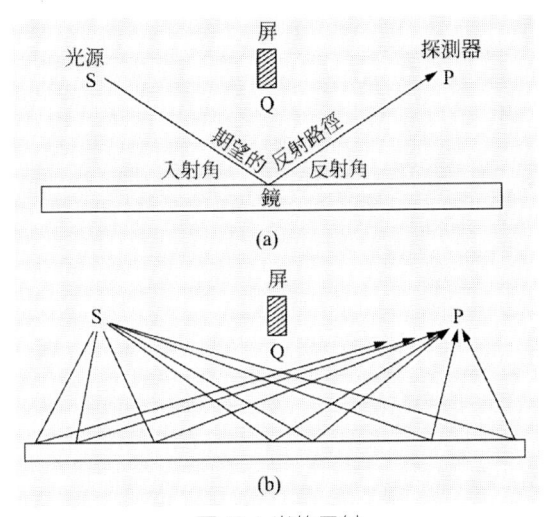

圖 19-1 光的反射

(a) 古典光學路徑 (b) 費曼的路徑積分影像

費曼曾寫了一本書《QED：光和物質的奇妙理論》(*QED: The Strange Theory of Light and Matter*，QED 是量子電動力學的英文縮寫)，書中簡單介紹了他的理論。例如，在探討一個光子從 S 點經鏡面反射到 P 點的路徑時，人們通常認為，光沿著直線傳播，光子也應該是這樣（圖 19-1（a））。然而，這個結論卻是「錯誤」的。費曼指出，單個光子執行的特徵是「機率性」的，在從 S 點到 P 點的運行過程中，光子的軌跡有著許多的可能性，或者說，有著一切路徑的可能性（圖 19-1 (b)）。透過對所有路徑的機率幅進行求和，就能得到光的最終機率幅，從而得出光走的是用時最短的路徑的結果。這就是費曼對於光的反射的解釋，也展現了費曼的路徑積分的思

第六篇 量子·新發展

想。費曼說:「光並不是真的只沿一條直線前進,它能『嗅出』與之鄰近的那些路徑,並在行進時,占用直線周圍的一個小小的空間。」

經過費曼的發展,「路徑積分」獲得了巨大的成功,已經成為量子力學的新的數學表示形式。這樣,量子力學就有了三種數學表示形式——波動力學、矩陣力學和路徑積分。從數學方法上來說,矩陣力學使用矩陣,波動力學使用微分方程式,路徑積分則是使用積分的、整體的觀念來解釋和計算量子力學。並且,路徑積分的方法有一個很大的優點:可以很方便地從量子力學擴展到量子場論。因此,路徑積分已經成為現代量子場論的基礎理論。

創立夸克模型(Quark Model)的蓋爾曼(Murray Gell-Mann)曾這樣評價:「量子力學的路徑積分形式比一些傳統形式更為基本,因為在許多領域它都能被應用,而其他傳統表達形式將不再適用。」

路徑積分為什麼會受到物理學家如此青睞,它的魅力到底是什麼呢?答案是:它可以更形象、更直觀地分析量子力學與古典力學的連繫,它更能夠展現物理體系的整體性質。費曼從古典力學的作用量與量子力學中的相位關係出發,把古典作用量引進到了量子力學,得出了粒子在某一時刻的運動狀態,取決於它過去所有可能的歷史的結論,從而給出了解決量子力學問題的新途徑。其核心思想是:從一個時空點

到另一個時空點的總機率幅是所有可能路徑的機率幅之和，每一條路徑的概率幅與該路徑的古典力學作用量相對應。

作用量（action）是一個很特別、很抽象的物理量，它表示一個物理系統內在的演化趨向，能唯一地確定這個物理系統的未來。只要設定系統的初始狀態與最終狀態，那麼系統就會沿著作用量最小的方向演化，這被稱為最小作用量原理（least action principle）。例如，光在從空氣進入水中傳播時，它所走的路徑是花費時間最少的路徑。

把作用量引進量子力學，費曼便架起了一座連結古典力學和量子力學的新橋梁。為了讓讀者更好地體會路徑積分的魅力，我們仍然透過雙縫實驗來對其思想進行說明。在此，我們要把古典力學的路徑和量子力學的機率幅結合起來分析。

以前我們在討論雙縫實驗的疊加態時，只考慮了透過狹縫1的狀態 $\psi 1$ 和透過狹縫2的狀態 $\psi 2$ 的疊加，但是 $\psi 1$ 和 $\psi 2$ 僅僅顯示了電子在雙縫處的狀態，而電子從出發到雙縫，以及從雙縫到螢幕的過程並沒有顯示，也就是說，$\psi 1$ 和 $\psi 2$ 是兩種匯總了的狀態，即使電子從出發到螢幕有千萬條路徑，只要透過狹縫1就被匯總到 $\psi 1$ 中，只要透過狹縫2就被匯總到 $\psi 2$ 中。

費曼對此展開了追問，如果我們觀察電子從出發到螢幕的全過程，會是什麼圖景？

第六篇　量子‧新發展

如圖 19-2 所示，電子槍發射一個電子。在古典運動方式下，電子從 A 出發落到螢幕上任意一點 B 時只能透過 1、2 兩條路徑到達，而根據電子的量子特性，電子在 B 點出現的機率幅 ψ 是路徑 1 的機率幅 ψ1 和路徑 2 的機率幅 ψ2 之和：

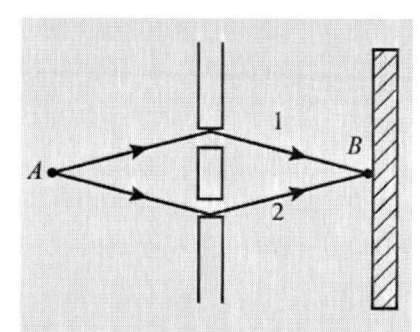

圖 19-2 按古典運動考慮，電子有兩條可能路徑；
按量子特性考慮，落點機率幅是兩條路徑的機率幅疊加

$$\psi=\psi 1+\psi 2$$

下面來設計一個稍微複雜一點的情況，在雙縫和螢幕間再插入一塊板，板上有三條狹縫，如圖 19-3 所示。按古典路徑，那麼現在從 A 到 B 有 6 條可能路徑。於是電子在 B 點出現的機率幅就是從路徑 1 到路徑 6 的機率幅之和：

$$\psi=\psi 1+\psi 2+\psi 3+\psi 4+\psi 5+\psi 6$$

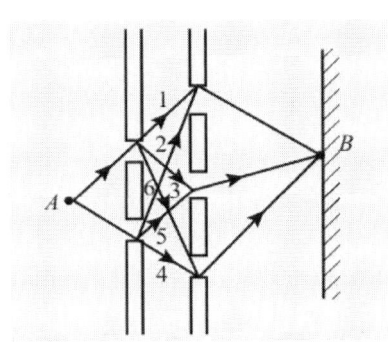

圖 19-3 雙縫和螢幕間插入一塊刻有三條狹縫的板，電子有 6 條可能路徑

現在，讓我們想像一下，如果在插入的板上刻出更多的狹縫，4 條、5 條、6 條 …… 兩條狹縫之間的距離越來越小，當狹縫的數目趨於無窮時，會有什麼效果呢？對了，那就是 —— 這塊板不見了，就跟沒有這塊板一樣！

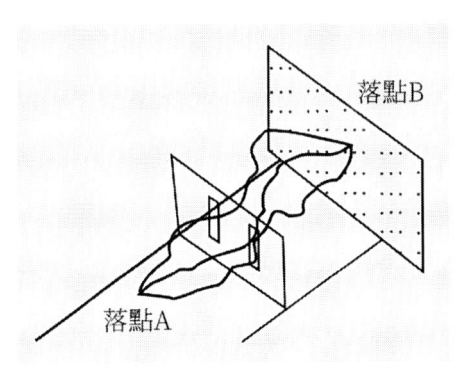

圖 19-4 電子路徑是無數種可能路徑的疊加

雖然空空如也，但我們可以認為在從 A 到 B 的空間裡插滿這種有無窮條狹縫的板，那麼電子就在這些板之間來回碰撞轉折，於是有無數條可能的路徑實現從 A 到 B 的過程，如

第六篇　量子・新發展

圖 19-4 中給出的 3 條可能路徑。所以，在雙縫干涉實驗中，電子在 B 點出現的機率幅就是空間中所有可能路徑的機率幅之和：

$$\psi=\psi1+\psi2+\psi3+\cdots$$

我們知道，積分運算正是處理這種問題的好方法。費曼透過他的路徑積分計算表明，當把所有可能路徑都考慮進去時，算出的機率跟實驗值剛好吻合。

這就是路徑積分理論對於雙縫實驗的解釋，也就是說，電子最終的落點是由所有可能路徑決定的，因此，即使只發射一個電子，它也會落到雙縫干涉位置上去。

需要注意的是，電子有無數條可能的路徑，但它並不是選擇其中的一條，而是無數條的疊加，這是態疊加原理的展現，顯然，疊加後它沒有明確的運動軌跡，這也是不確定性原理的必然結果。

1942 年，費曼完成了博士論文，這篇論文初步提出了路徑積分方法，他的導師惠勒對此大為讚嘆。因為愛因斯坦也在普林斯頓，所以惠勒將費曼的論文拿去給愛因斯坦看。他對愛因斯坦說：「這論文太精彩了，是不是？你現在該相信量子論了吧？」

愛因斯坦看了論文，沉思了一會兒，說：「我還是不相信上帝會擲骰子⋯⋯但也許我現在終於可以說是我錯了。」

平行世界

根據薛丁格方程式演化的量子態，並不會自然地出現波函數塌縮這樣的現象，因此，波函數塌縮實際上是獨立於量子力學基本框架之外的一個額外假設，這也是它引起爭議的主要原因。事實上，波函數塌縮的主要問題出在「突變」上，為了消除這個破綻，科學家們各顯神通。第14章所述的去相干理論就為波函數塌縮找到了一個合理的演化過程，從而不需要「突變」，這一理論也得到了普遍的接受。但是，這並不是目前唯一的理論，在去相干理論出現之前，已經出現了一個神祕的理論——多世界理論（the many-worlds interpretation，縮寫作 MWI）。

1953年，費曼的導師惠勒招收了一個新的博士生休·艾弗雷特（Hugh Everett III），他是從數學系轉過來的，而他的原本的主修是化學工程，這樣，數理化樣樣不落的艾弗雷特就成了比費曼小十幾屆的師弟。

艾弗雷特從小就喜歡讀科幻小說，喜歡思索一些古怪的問題。他12歲時曾給愛因斯坦寫信，聲稱自己解決了一個難題——當不可抗拒的力碰到不可移動的物體時會發生什麼（這個問題有點類似於最強的矛攻擊最強的盾會發生什麼）。

第六篇　量子·新發展

愛因斯坦覺得這孩子很有趣，竟然給他回信了。愛因斯坦在信中寫道，世界上雖然沒有什麼不可抗拒的力和不可移動的物體，但卻有一個固執的小男孩，他故意為自己製造了一個奇怪的難題，然後費力地走上了解決它的道路。

艾弗雷特進入普林斯頓後，他最開始的興趣在博弈論方面，並且在1953年發表了一篇關於博弈論的論文。1954年秋天，波耳訪問了普林斯頓，波耳是惠勒在歐洲留學時的導師，所以艾弗雷特有幸和波耳近距離接觸，了解了量子力學的測量難題。透過進一步和周圍同學以及波耳的助手討論，艾弗雷特覺得波函數塌縮實在令人難以接受，於是，他決定將量子測量作為自己的博士研究課題，另起爐灶。

身為一個科幻愛好者，艾弗雷特從小就天馬行空的古怪思維發揮作用了，不到半年，他就想到了一個好點子，這是一個前所未有的新思想──他很乾脆地直接否定了波函數塌縮，提出宇宙誕生之初就產生了宇宙波函數，而且宇宙波函數會持續演化下去，根本不會發生波函數塌縮，只會發生不斷的分裂，變成越來越複雜的疊加態。

當艾弗雷特第一時間把自己的想法告訴惠勒時，惠勒大吃一驚，他非常反對艾弗雷特用「分裂」一詞來描述世界的一分為二。但是，他並沒有阻止艾弗雷特繼續研究下去。惠勒對於教育有特殊的理解。「大學裡為什麼要有學生？」惠勒說，「那是因為老師有不懂的東西，需要學生來幫助解答。」

所以他並不過多干涉學生的研究自由。

1957年，艾弗雷特終於完成了博士論文，他把自己的理論叫做「普適波函數理論」。他的理論是，所有孤立系統的演化都遵循薛丁格方程式，但波函數塌縮從不發生。整個宇宙的波函數是由一系列平行世界波函數疊加而成，這些平行世界各自獨立演化互不干擾（圖20-1）。因此，後來人們把他的理論改稱為「多世界理論」。

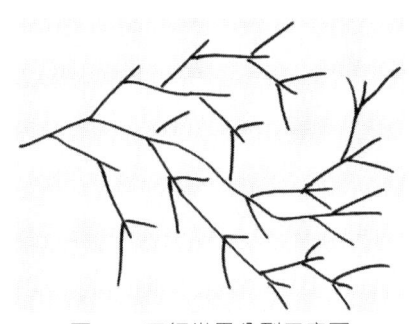

圖 20-1 平行世界分裂示意圖

按照艾弗雷特的理論，自然界不再有量子和古典的區分，宇宙中的所有物體無論大小都由波函數描述，所有物體都處於疊加態。在他看來，被測系統、測量儀器和觀察者都有自己的波函數，也都存在各種狀態，於是這三者構成的整體也就存在各種疊加態，這些疊加態中每個狀態都包含一個確定的觀察者態、一個具有確定讀數的測量儀器態，以及一個確定的被測系統態，因此，在每一個狀態中的觀察者都會看到一個確定的測量結果，這樣，在這個狀態中的測量者以

為發生了波函數塌縮,其實是因為他們不知道其他平行狀態的存在而已。實際上從整體來看,波函數並沒有塌縮,它仍然在各種平行狀態中發展著。

按照多世界理論,「薛丁格的貓」處於兩種世界的疊加態:一種世界裡貓是活的,另一種世界裡貓是死的。這兩種世界一樣真實,並行存在,而且這兩種世界會獨立演化,互不影響。在一種世界裡,當觀察者開啟箱子,他會看到一隻活貓;在另一種世界裡,當觀察者開啟箱子,他會看到一隻死貓。在兩個世界裡的觀察者都以為波函數發生了塌縮,是因為他們都感覺不到另一個世界的存在。

惠勒雖然覺得艾弗雷特的論文難以理解,但他採取了包容的態度,並把艾弗雷特的論文寄給波耳審閱,結果,遭到了波耳的激烈反對。其他科學家的態度也和波耳差不多,甚至有人嘲諷其為「徹頭徹尾的思覺失調症」。不出所料,艾弗雷特的論文發表以後,受到了學術界的冷遇,沒幾個人對此表示關注。

艾弗雷特畢業後,惠勒邀請他留校任教,但艾弗雷特拒絕了,因為他發現自己並不喜歡搞學術研究。艾弗雷特在美國國防部找了一份工作,從此離開了物理領域,再也沒有發表過一篇論文。正像徐志摩一首詩中說的那樣:「悄悄的我走了,正如我悄悄的來;我揮一揮衣袖,不帶走一片雲彩。」

令人驚訝的是,到了 1970 年代,一度備受冷落的多世界

理論竟然又復活了，在支持者的宣傳下，這一頗具科幻色彩的理論迅速走紅，不但獲得了大量科幻迷的追捧，連理論物理學家中也有不少人成為這個理論的擁護者，當然，反對者也並不少。

在多世界理論中，宇宙從來不會做選擇，它只是按照機率不停地分裂為更多的世界，這樣，從中很容易就會推出一個怪論：一個人永遠不會死去！在世界的不斷分裂中，人總在某個分支世界中活著，這個怪論被美其名曰稱為「量子永生」。當然，「薛丁格的貓」也永遠會在某一個宇宙分支裡活著（圖 20-2）。

圖 20-2 量子永生示意圖

「量子永生」使多世界理論看上去似乎很美好，誰不想永遠活下去呢。然而，有一個問題卻使多世界信奉者苦惱：為什麼我們感覺不到平行世界？沒有任何人能證明平行世界的存在，那麼，它到底是一種數學技巧還是物理實在呢？

第六篇　量子・新發展

　　筆者認為，波函數並非物理實在，即使宇宙處於多種狀態的疊加，也只不過是波函數的疊加，這並不能看作是多個宇宙的實體存在，所以平時世界只是存在於數學裡，並不是存在於物理裡。反過來，假如多世界是物理實在的話，那麼當世界一分為二時，誕生一個新世界的能量從何而來？總之，這並不是一個讓人容易接受的理論。有物理學家評價說，多世界的假設很廉價，但宇宙付出的代價卻太昂貴。

　　艾弗雷特有兩個孩子，老大是女兒，老二是兒子。艾弗雷特和妻子在子女教育上觀念非常一致：孩子們應該不受任何管束，自由成長。結果，他的女兒成了問題女孩，養成了吸毒等惡習，讓他追悔莫及。1982年，不滿52歲的艾弗雷特死於心臟病突發。1996年，他的女兒自殺了，她在遺書中寫道，她希望能在另外一個平行世界裡與父親相會。他的兒子2007年接受BBC採訪時表示：「父親不曾跟我說過有關他的理論的隻言片語⋯⋯他只活在自己的平行世界中。」

歷史能改變嗎

回顧量子發展史，有一個很有趣的現象，自從愛因斯坦來到美國普林斯頓以後，這裡就成了量子力學新思想的發源地。愛因斯坦自己提出了量子糾纏；玻姆提出了新的隱變數理論；費曼提出了路徑積分理論；艾弗雷特提出了多世界理論。玻姆可以說是受到了愛因斯坦很深的影響，而另外兩人，費曼和艾弗雷特，就不能歸功於愛因斯坦了。他們的脫穎而出，要歸功於他們的導師 —— 惠勒。

費曼和艾弗雷特身為惠勒的得意門生，在公眾中的知名度都很高，這說明惠勒是一個優秀的導師，在培養人才方面是首屈一指的。但惠勒本人卻沒有那麼高的知名度。很多人都聽說過「黑洞」、「蟲洞」和「量子泡沫」等詞彙，但是，很少有人知道，這些詞彙都是惠勒發明的，這些詞彙原來都有一個佶屈聱牙的專業術語，例如，如果有人提到「重力塌縮星體」和「愛因斯坦-羅森橋」（Einstein —— Rosen bridge），你還會對此感興趣嗎？而這正是「黑洞」和「蟲洞」原來的名字。正是惠勒發明了這些通俗形象的詞彙以後，這些詞彙才得以走紅世界，被大眾所熟知，對激發公眾的科學熱情發揮了極大的推動作用。

第六篇 量子・新發展

惠勒一生的研究範圍非常廣泛，涉及核物理、核武器的設計、廣義相對論、相對論天體物理、量子力學、量子引力及量子資訊等領域。他曾經在哥本哈根跟隨波耳從事博士後研究，與波耳一起發展出原子核分裂的「液滴模型」，並用它發展了核裂變理論；他也參加過「曼哈頓計畫」，是最早研究原子彈的美國人之一。在他開始研究廣義相對論以後，提出了一句廣為人知的話來概括廣義相對論：「物質告訴時空如何彎曲，時空告訴物質如何運動。」這句話簡潔形象地表達了廣義相對論的核心思想，讓普通人也能一下子就明白。

1979 年 3 月 14 日，普林斯頓大學召開了紀念愛因斯坦誕辰 100 週年的學術討論會，在這次會議上，惠勒針對量子測量問題提出了一個驚人的實驗構想——延遲選擇實驗 (Wheeler's delayed choice experiment)。

延遲選擇實驗就是說，先不固定實驗設定，等快要測得實驗結果的時候再決定實驗設定。在一般的測量實驗中，實驗設定都是提前固定好的，這樣所有路徑的可能性其實已經提前預設好了，但惠勒想「延遲」這些路徑的出現。舉例來說，做雙縫實驗，先開啟一條狹縫，等電子通過以後再開啟另一條狹縫，然後再觀察電子在螢幕上的落點。惠勒的問題是，這時候還會出現干涉圖樣嗎？也就是說，惠勒要「延遲」電子的選擇，迫使電子在通過狹縫以後再來選擇是通過一條狹縫還是通過兩條狹縫。

這個想法太瘋狂了，立即引起了學術界的興趣。隨後幾十年中，他的思想實驗變成了現實，物理學家們利用光子成功進行了多種延遲選擇實驗。其中有一個近乎理想化的延遲選擇實驗，也被稱為量子擦除實驗，其實驗結果令人震驚。

光學實驗中，常用到一個光學裝置叫分光鏡（Beam splitter），它能使入射到它上面的光一半透射一半反射。有一種特殊的分光鏡叫偏振分光鏡，它可以按光的偏振態分束，使透射光和反射光全部變為偏振光，且兩束光的偏振方向相互垂直（圖 21-2）。

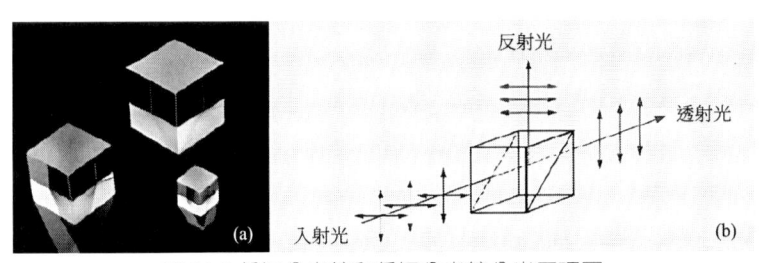

圖 21-2 偏振分光鏡和偏振分光鏡分光原理圖
(a) 偏振分光鏡 (b) 分光原理

量子擦除實驗（Quantum eraser experiment）中，就要用到偏振分光鏡，而且是發射一個一個的單個光子射向分光鏡。一束光被分為透射和反射兩部分很好理解，但是如果是一個光子射向分光鏡，它會如何前進呢？如果按照古典想法，我們可能覺得它只能選擇透射路徑或者反射路徑其中之一，但是根據量子力學原理，我們知道，如果你不去測量，它應該

第六篇 量子‧新發展

處於透射路徑和反射路徑的疊加態（儘管這很難理解，但實驗事實就是如此）。

量子擦除實驗簡化示意圖見圖 21-3，光子經過偏振分光鏡 B1，處於路徑 1 和路徑 2 的疊加態，經反射鏡反射後，兩條光路在另一個偏振分光鏡 B2 處匯聚，由於兩條光路偏振訊息不同，具有可區分性，所以不會發生干涉，這樣探測器 D1 和 D2 就可以隨機探測到通過路徑 1 和路徑 2 的光子，如圖 21-4（a）所示。

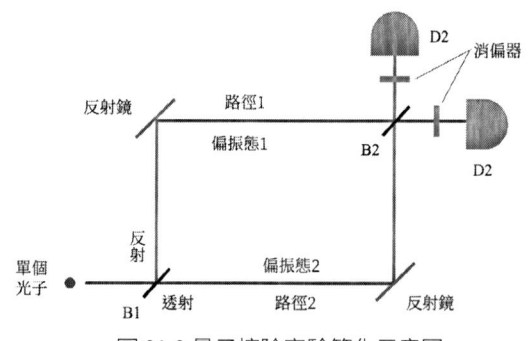

圖 21-3 量子擦除實驗簡化示意圖

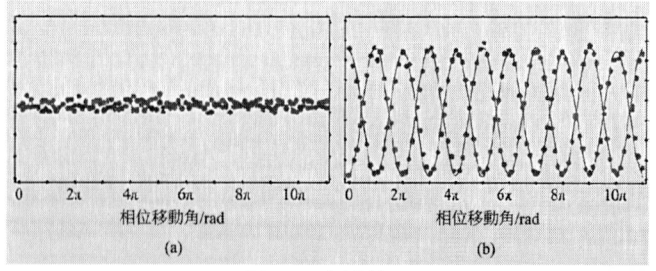

圖 21-4 實驗結果
（a）不干涉；（b）干涉

事實上，如果這兩條光路不攜帶偏振訊息的話，兩條路徑的光子就沒有可區分性，在 B2 處交會以後就會發生干涉。於是，這個實驗的重點來了，科學家們在探測器 D1 和 D2 前放置了兩臺消偏器，只要開啟消偏器，兩條路徑的偏振可區分性就會被消除，重新變得不可區分，結果令人大吃一驚，探測器上出現了干涉圖樣，如圖 21-4（b）所示。

要知道，消偏器是在 B2 的後面，光子如果要干涉只能藉助 B2 來實現，現在它已經過了 B2 的位置，按我們的日常經驗，即使這時候消除偏振，也應該無法干涉了。但是光子居然因為加了個消偏器而繼續干涉，這實在是太不可思議了。

我們該如何理解這個實驗現象呢？費曼曾經說過：「我想我可以相當有把握地說，沒有人能理解量子力學。」不過，如果用他的路徑積分理論來分析，似乎可以強行「理解」光子的表現。路徑積分理論指出，粒子在某一時刻的運動狀態，取決於它過去所有可能的歷史。那麼，光子透過消偏器以後，它所有可能的歷史都發生了變化，最後的測量結果自然就會表現為干涉。正因為如此，路徑積分也被稱為「歷史求和」。但是，如果進一步追問，光子之前走過的路程算不算歷史？它是如何被改變的？我們該如何回答呢？我想恐怕現在科學家們還拿不出一個令人滿意的答案。

延遲選擇實驗徹底衝擊了人們關於「實在」或「真實」的傳統觀念，它使人們看到「觀察」能改變所謂的「實在的過

去」！這徹底改變了人們對「歷史」的看法，所謂「客觀實在性」在這一實驗面前被動搖。這時候，波耳常說的一句話似乎讓人有了更深的體會：「物理學不能告訴我們世界是什麼，我們只能說，觀察到的這個世界是什麼。」

惠勒晚年一直在思考這些「本源」問題。他說：「我無法阻止自己去思考『存在』之謎，從我們稱之為『科學』的理論推演與實驗，到這個最宏大的哲學命題，鏈條一環扣一環，在探索整個鏈條的道路上，並不存在特殊的一環，能叫一個真正有好奇心的物理學家說，『我就到這裡了，不往前走了。』」

第七篇
量子・幕後英雄

第七篇 量子・幕後英雄

洞悉固體

量子力學的建立,從根本上改變了人們對物質結構的認識,使許多物理現象得到了明確的解釋。從此,量子力學開始在現代高科技領域發揮重要作用,例如,透過固體物理的量子理論,人們明白了半導體的原理,而對半導體的研究又導致了電晶體和晶片的發明,從而為現代電子資訊工業的發展奠定了基礎。又例如,人們在量子力學的幫助下解釋了物質磁性的來源,從而發展出了磁儲存技術,於是發明了電腦的機械硬碟。再如,雷射器也是根據光的量子輻射理論而發明的。

上面這些例子中,我們很少有人意識到這是量子技術,因為量子力學只是這些裝置的幕後英雄,這些技術實現的功能裡並沒有展現出量子特徵,這些裝置遵從古典物理的運行規律,源於量子力學的技術。

固體物理是現代高技術科學(如半導體電子學、雷射物理、材料科學等)的重要基礎,如果沒有固體物理的理論指導,人類可能很難步入現代這樣一個由大規模積體電路主導的資訊社會,而現代固體理論的發展完全得益於量子力學的應用。

愛因斯坦是將量子理論引入固體物理中的第一人。1907年,愛因史坦利用能量量子化解釋了固體比熱問題。人們早

就發現，固體的比熱會隨著溫度的降低而大幅度減小，但用古典物理卻完全無法解釋這個現象。愛因斯坦意識到，固體中原子振動的能量也是一份一份的，是量子化的，從而很好地解釋了這個問題。

固體量子理論的研究對象主要是晶體，因為晶體內部原子排列有序，規律性強。根據週期性排列的最小單元，可以將晶體看作是一系列相同晶格的重疊堆積，如圖 22-1 所示。

晶體裡的原子並不是靜止不動的，它們不停地在各自的平衡位置附近做微小的振動，由於晶體中原子間有著很強的相互作用，因此，一個原子的振動會牽連著相鄰原子隨之振動。如果把原子比作小球的話，整個晶體猶如許多小球在三維空間中規則排列，而小球之間又彼此被彈簧連線起來一樣（圖 22-2），因此，每個原子的振動都要牽動周圍原子振動，使振動以彈性波的形式在晶體進行中傳播，這種波被稱為晶格振動波，簡稱「格波」（lattice wave）。

圖 22-1 晶體由晶格並置堆積而成
（圖中的平行六面體就是晶格）

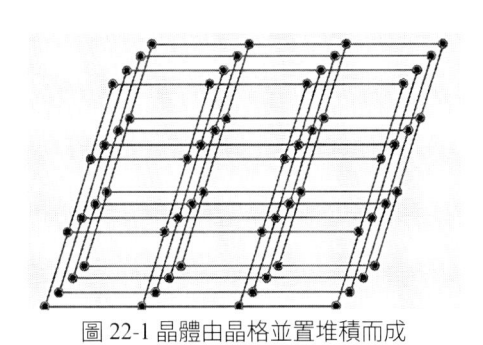

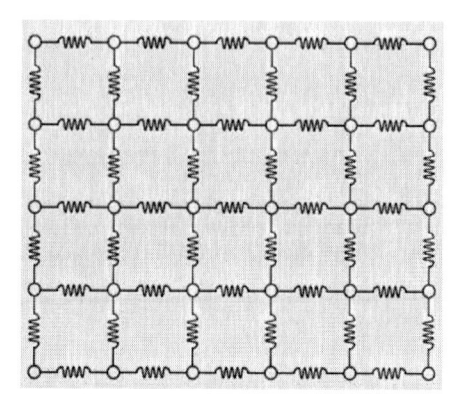

圖 22-2 晶體中原子與原子之間就像用彈簧連著一樣

愛因斯坦假定，原子振動可以看作是一種簡諧振動，所有原子都具有相同的振動頻率。

古典的簡諧振動我們很熟悉，把一個小球繫在彈簧上，把它拉開平衡位置以後鬆手，小球來回往復運動，這時候，按古典力學，系統的能量 $E = \frac{1}{2}kA^2$（k 為彈性係數，A 為振幅），如果把不同振幅下的能量畫成曲線，為一條拋物線，隨振幅不同，能量可以從 0 開始連續變化，如圖 22-3（a）所示。

但是，在原子的簡諧振動中，振動能量卻是量子化的，圖 22-3（b）給出了一個振動的原子的能級分佈圖。可以看到，能量只能取圖中 E0、E1、E2、E3 等一系列分離的能級，而且最低能級 E0 不為零。圖中還給出了每個能級對應的波函數平方的影像，顯示了原子在不同位置上出現的機率密度，可見其運動特徵和古典的彈簧偶極是完全不同的。

格波是晶體中全體原子都參與的集體振動，既然單個原子的振動能量是量子化的，那麼格波的能量自然也是量子化的。

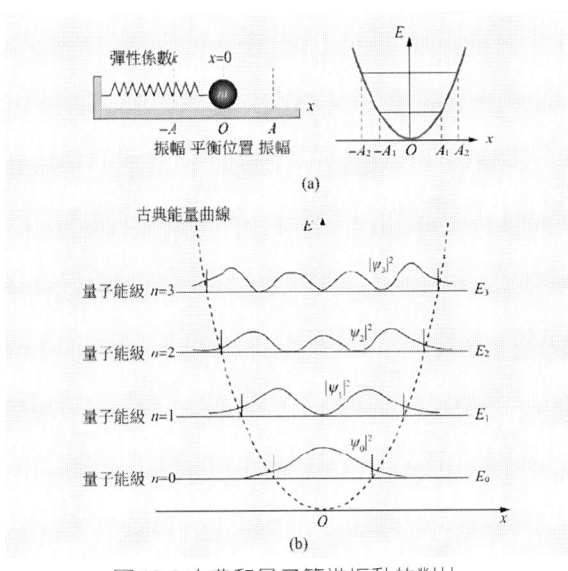

圖 22-3 古典和量子簡諧振動的對比

(a) 彈簧諧偶極及其能量曲線；(b) 量子諧偶極的能級和機率密度分布圖

1930 年，蘇聯物理學家塔姆（Игорь Евгеньевич Тамм）在研究格波時，突然想到了波粒二象性。他想，既然像電子這些原本只能用粒子來描述的東西也能用波描述，那麼原本只能用波描述的東西是不是也可以用粒子來描述呢？於是，他就設想把格波的最小能量單位與一種假想的粒子對應起來，稱之為「聲量子」，後來人們改稱為「聲子」（Phonon）。

第七篇　量子·幕後英雄

　　聲子是將波動量子化的粒子，它並不是像光子和電子那樣是「真實」的粒子，而是一種人為假設的準粒子。但是聲子卻似乎具有「真實」的量子粒子的一些屬性，將晶格振動看作是聲子的運動，可以很好地解釋固體物理中的很多現象。例如，格波間的相互作用可以看作是聲子間的碰撞。再例如，當研究電子與晶格的相互作用時，若電子從晶格獲得能量，可看作是吸收聲子；若電子給予晶格能量，可看作是發射聲子，這樣處理問題就方便多了。再如，可以把固體看作是包含有「聲子氣體」的容器，從而可將氣體分子運動論和量子統計力學的處理方法用於處理固體問題。另外，聲子在超導現象的解釋中也扮演了關鍵角色。

　　總之，聲子這個概念出現以後，極大地推動了固體物理的發展，它現在已經成為固體物理學的基本概念。

　　從愛因斯坦提出光波具有波粒二象性，到德布羅意提出實物粒子具有波粒二象性，再到塔姆提出格波具有波粒二象性，波和粒子似乎總是相伴相生。回顧這段歷史，也許能讓我們對波粒二象性的物理內涵有更深刻的認識。

　　用量子理論來研究固體的另一條主線是能帶理論（Energy band theory）的發展。1926 年，薛丁格提出薛丁格方程式以後，化學家們立刻開始用它來計算分子中電子的運動並在幾年之內就發展出了一系列化學鍵理論。1930 年代，科學家們開始用薛丁格方程式計算晶體中電子的運動，固體的能帶

理論隨之建立起來。

固體是由大量微觀粒子組成的複雜系統，原子數達到10^{23}的數量級，電子數目更是龐大，而科學家們就是要透過如此龐大系統的微觀粒子的運動規律闡明固體的宏觀物理性質。這個體系是非常複雜的，大量電子之間會相互影響、相互作用，但是其基本特點不會變，那就是每個電子都在一個具有晶格週期性的位能場中運動。於是，透過一系列簡化與近似，薛丁格方程式就可以近似求解了。

讀者還記得，求解單個原子的薛丁格方程式得到的是一系列分離的能級，而晶體中得到的則是一系列分離的能帶，這些能帶是由大量原子能級疊加組合而成的，由於能級間隔非常小而可以看作是連續的能帶（圖 22-4）。這些能帶與整個晶體而不是單個原子連繫在一起，於是，如果一個能帶沒有被電子全部占滿，電子就可以在電壓作用下在整個晶格中到處移動，這個晶體就能導電。如圖 22-4 所示，金屬的最高能帶沒有被電子占滿，所以它們是良導體。半導體和絕緣體的能帶都是要麼被電子占滿（滿帶），要麼沒有電子（空帶），所以沒法導電，但半導體的滿帶和空帶之間的能帶間隔較窄，所以電子可在熱或光的激發下從滿帶躍入空帶，使原來的滿帶和空帶都成為不滿的能帶而導電。

第七篇　量子・幕後英雄

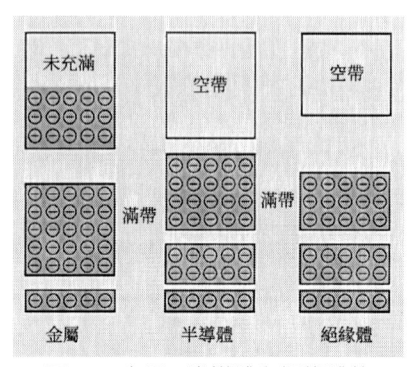

圖 22-4 金屬、半導體和絕緣體的能帶結構特徵

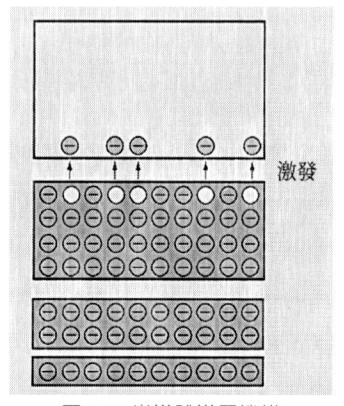

圖 22-5 半導體導電機構

人們發現，在純的半導體材料（本徵半導體）中摻入某些雜質，可以極大地提高其導電能力，利用這種特性可以製成摻雜半導體，並由此製成了二極體、三極體等重要的半導體裝置。

擴展閱讀

半導體的滿帶和空帶之間的能帶間隔較窄，電子可在熱或光的激發下從滿帶躍入空帶，使原來的空帶出現少量自由電子而導電，使原來的滿帶出現同等數量的空穴而導電。

當滿帶上的部分電子被激發到空帶後，留下了空穴。如果施加電壓，在外電場作用下，空穴附近的電子能夠移動到這個空穴中，從而在原位置留下一個新的空穴，整個近滿帶中大量電子的緩慢移動，就像空穴在反方向緩慢移動一樣。

因此，可以將空穴假想成一種帶正電的粒子（只是一種準粒子），這樣，近滿帶的導電問題就轉化為少量空穴的移動導電，與導帶中少量自由電子的導電問題十分相似，研究起來更為方便。

電子和空穴都能導電，為了區分方便，將它們稱為 N 型和 P 型載流子（N 和 P 分別代表英文單字 Negative 和 Positive 的首字母）。在半導體中摻入富電子或缺電子的雜質，會在能帶間隙中引入額外的能級，導致 N 型和 P 型載流子數目的改變，從而形成「N 型半導體」或「P 型半導體」。額外能級的引入，相當於縮小了能帶間隙，因此只要有少量雜質摻入，就會明顯地提高半導體的電導率。例如，10 萬個矽原子中摻入 1 個雜質原子就能使矽的電導率增加 1000 倍左右。

能帶理論讓人們搞清楚了半導體的導電機構，帶動相關研究快速發展起來。隨著對半導體特性研究的深入，1947 年，半導體材料迎來了一個重大發明——電晶體。電晶體既可以用來做電訊號的放大，也可以用作電壓控制的開關，由這些開關組成的邏輯電路網路可以控制電子裝置或處理電腦中的訊息，由此啟動了電子裝置小型化的程式。發展到今天，一塊小小的晶片上可以整合上百億個電晶體，如此超大規模的積體電路，使人類社會進入了訊息時代的黃金時期。在我們享用便捷的手機、電腦和各種家用電器時，不要忘了，這正是量子理論帶給我們的快樂。

第七篇　量子・幕後英雄

23. 穿隧

美籍俄裔科學家喬治・伽莫夫（George Gamow）因為提出宇宙大爆炸理論而為人們所熟知，他寫的科普作品《從一到無窮大》（*One Two Three... Infinity: Facts and Speculations of Science*）直到現在都是暢銷書，但很多人不知道，他是世界上第一個發現神奇的「量子穿隧效應」（Quantum tunneling effect）的人。

伽莫夫畢業於列寧格勒大學，1928 年夏天，他獲得了一份獎學金，到德國哥廷根大學訪學 3 個月。當時的哥廷根正是量子力學的發源地之一，來哥廷根後，伽莫夫很快就熟悉了剛剛建立的量子力學。有一天，他在圖書館讀到一篇拉塞福（Ernest Rutherford, 1st Baron Rutherford of Nelson）寫的有關原子核 α 衰變（某些放射性元素的原子核釋放出 α 粒子的現象，α 粒子是氦原子核）的文章，他立刻意識到拉塞福試圖用古典理論來解釋 α 衰變的思路是完全行不通的，不可能得出合理的解釋，對於這種微觀粒子，必須用量子力學來處理。他立刻投入計算，沒幾天就寫成了一篇論文，對 α 衰變做了全新的量子力學分析。在此文中，他發現了量子穿隧效應。

伽莫夫發現，根據量子力學的規律，即使微觀粒子的能

量並不足以越過能量勢壘，也會有一定的機率穿過勢壘，而且粒子穿越勢壘的機率可以透過薛丁格方程式精確計算出來。例如，對於鈾 -238 原子核，它放出的 α 粒子的能量只有 4.2 MeV，但是它有一定機率穿越能量高達 35 MeV 的庫侖勢壘從原子核裡逃逸出來，這在古典物理裡是絕對不可能的，就像一個人只能跳 4.2m 卻跳過了 35m 高的牆一樣，實在是太匪夷所思了。

下面我們透過一維方勢壘粒子的運動來簡單介紹一下量子穿隧效應。

假設一個質量為 m、能量為 E 的粒子，沿 x 軸在一維方向上運動，它受到如圖 23-1 所示的高位能區域的阻擋（圖中縱座標表示位能，由於這個影像一堵牆，所以被稱為勢壘），勢壘區域（0~l 範圍）的位能是 V_0，其他區域位能為零。假設粒子從 x 軸左側入射且 E<V_0，那麼按照古典力學，它只能在 x<0 的區域內運動，絕無可能出現在 $x>l$ 的區域，因為它的能量小於 V_0，所以不可能穿過勢壘，就像一顆塑膠子彈不可能打穿鋼板一樣。

但是，把這個粒子的薛丁格方程式寫出來並且求解以後，結果卻令人大吃一驚。圖 23-2 給出了波函數 ψ(x) 的影像。可以看到，粒子從 x 軸左側入射，但它的波函數出現在了 $x>l$ 的區域，表明粒子有穿透勢壘的機率，這與古典力學是

第七篇　量子·幕後英雄

完全不同的。另外，波函數在勢壘內部（$0\sim l$ 範圍）是呈指數衰減的，這就意味著如果勢壘寬度 l 變厚，粒子穿透的機率就會迅速下降。此外，粒子質量越小、粒子與勢壘的能量差越小，粒子穿透勢壘的機率就越大。顯然，對於宏觀物體，由於它的質量太大，所以它穿透勢壘的機率接近於零，量子力學與古典力學的結論趨於一致。

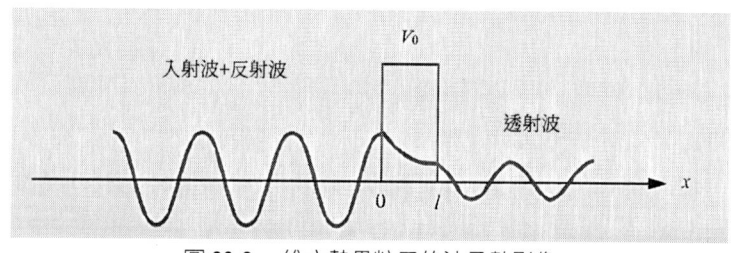

圖 23-2 一維方勢壘粒子的波函數影像

這樣，我們就能得出結論：如果微觀粒子遇到一個能量勢壘，即使粒子的能量小於勢壘高度，它也有一定的機率穿越勢壘，因為它就像是從隧道中鑽出來的，所以被形象地稱作穿隧效應。穿隧效應是一種很常見的量子效應，嶗山道士的故事在量子世界裡是很平常的，一點都不稀奇。

3 個月的訪學時間一晃就到了，伽莫夫不得不踏上歸途。不過他沒有直接回蘇聯，而是繞道丹麥去哥本哈根拜見波耳。他把自己寫好的用隧道效應解釋 α 衰變的論文拿給波耳看，立即引起波耳極大的興趣。波耳當即決定，把伽莫夫留在哥本哈根工作一年，並給了他一年的獎學金。一年之

後，波耳又介紹伽莫夫去拉塞福的卡文迪許實驗室（Cavendish Laboratory）工作。

當時，拉塞福手下的沃爾頓和考克饒夫正在進行人工加速質子撞擊原子核的研究。為了獲得高能質子，需要透過超高電壓使質子加速。他們研製了一種電壓倍增電路，最高可以產生 50 萬 V 的電壓，但是，這已經是他們的極限了，電壓再也無法升高。令他們絕望的是，根據當時的理論計算，要想使質子射入被撞擊的原子核內，至少要 400 萬 V 的高壓，差距太大，他們已經準備放棄了。

這時候，恰好伽莫夫來了，他了解到兩人的困境以後，立刻想到了穿隧效應。經過幾天的計算，他自信滿滿地告訴兩人，按照穿隧效應，50 萬 V 加速的質子就夠用了，完全可以完成他們的實驗。

兩人半信半疑，不敢相信，因為從來沒有聽說過穿隧效應，這只是伽莫夫個人提出的理論，而且看來還那麼離奇。

最終，還是拉塞福拍板，相信伽莫夫，他給沃爾頓（Ernest Thomas Sinton Walton）和考克饒夫（Sir John Douglas Cockcroft）撥款 1000 英鎊，讓他們建造加速器，驗證伽莫夫的理論設想。1000 英鎊在那時候並不是一筆小數目，大約相當於現在的 10 萬美元，可見拉塞福的魄力。1931 年，伽莫夫護照到期了，只好離開卡文迪許回到蘇聯。1932 年，沃爾頓和考克饒夫終於造出了質子加速器，加速器的放電管裡每

第七篇 量子・幕後英雄

秒鐘可以產生 500 兆個質子，質子從放電管的頂部產生後，被 50 萬 V 的高壓加速，撞擊放在放電管底部的靶子。一切如伽莫夫所料，有部分質子利用「穿隧效應」穿過了原子核表面的「屏障」，進入原子核內部並引起核裂變反應。沃爾頓和考克饒夫的實驗順利完成，他們還驗證了伽莫夫關於入射質子進入核內的機率的估算，量子穿隧效應得到了有力的實驗證明，從此，隧道效應被人們正式承認。1951 年，沃爾頓和考克饒夫因上述實驗獲得了諾貝爾物理學獎。

隧道效應被證實以後，人們終於揭開了太陽發光之謎。我們知道，太陽發光是利用了核融合（Nuclear fusion）反應。核融合就是輕原子核聚合成稍重一點的原子核（如氫原子核融合成氦原子核）。但是聚變反應並不是那麼容易發生的，兩個原子核靠近時，庫侖斥力非常巨大，為了使原子核克服庫侖斥力相互碰撞，需要極高的溫度使原子電離並使原子核劇烈運動，以增加碰撞的機率。但是，人們發現，太陽內部的溫度並沒有想像的那麼高，還不足以使氫原子核獲得足夠的動能來抵抗庫侖斥力發生聚變。對此古典物理是沒法解釋的，所以太陽內部如何進行核融合一直是一個謎團。而隧道效應被發現以後，則完美地解釋了這一現象。庫侖斥力的作用相當於一個高勢壘，氫原子核即使沒有足夠的動能，也有穿過勢壘發生聚變的機率。儘管穿越勢壘的機率很低，但是太陽裡的原子數量龐大，「少量」穿越勢壘的粒子，已經足以

使太陽發出萬丈光芒。

現在,穿隧效應已經成為許多物理裝置的核心,如隧道二極體(Tunnel Diode)、約瑟夫森效應(Josephson effect)、掃描穿隧顯微鏡(Scanning Tunneling Microscope)等。掃描穿隧顯微鏡放大倍數可達上億倍,解析度達 0.01 nm,它使人類第一次真實地「看見」了單個原子,是 1980 年代世界重大科技成就之一。

第七篇　量子·幕後英雄

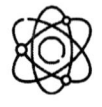

量子之眼

　　人類認識自然的主要資訊來自於眼睛，但是，人類眼睛的分辨距離只有 0.1mm，小於 0.1mm 的物體，人眼就看不清楚了。隨著科學發展的需要，為了能夠看到物質結構更小的細節，科學家們發明了顯微鏡。

　　1665 年，英國的勞勃·虎克（Robert Hooke）發明了第一臺光學顯微鏡。他用自己研製的光學顯微鏡觀察了軟木薄片，看到了木栓組織，發現它們由許多規則的小室組成，他把觀察到的影像畫了下來，並把小室命名為細胞，沿用至今。顯微鏡的發明，使人類對微觀世界的認識前進了一大步。藉助顯微鏡，人眼看到了細胞、細菌，隨著對這些領域的研究，出現了細胞學和微生物學等重要學科。

　　1873 年，德國的亥姆霍茲（Hermann Ludwig Ferdinand von Helmholtz）從理論上證明了顯微鏡的分辨距離與照射光的波長成正比。光學顯微鏡所用的光源是可見光，其波長最小是 400nm，所以光學顯微鏡的極限分辨距離是幾百奈米，相當於放大倍率最高能達到幾千倍。

　　在德布羅意之前，因為理論限制，人類並不奢望能獲得放大倍數更大的顯微鏡，但是，當德布羅意提出實物粒子具

有波粒二象性以後，人們很快就意識到，既然電子也具有波動性，如果用電子束來代替光波製作顯微鏡，其解析度就能大大提高，因為電子束的波長遠遠小於可見光，比如受 40kV 高壓加速的電子，其波長僅為 0.006nm，比可見光小 5 個數量級。

1926 年，德國物理學家布希（Hans Walter Hugo Busch）發現軸對稱分布的電磁場具有使電子束偏轉、聚焦的作用，與光線透過玻璃透鏡的聚焦原理一致，這就意味著用電子束作「光源」，用電磁場作透鏡，理論上是可以製造顯微鏡的。

1932 年，德國科學家恩斯特・魯斯卡（Ernst August Friedrich Ruska）成功製造了世界上第一臺電子顯微鏡。1933 年，魯斯卡研製成功了由多級成像磁透鏡、聚光鏡、試樣室、高真空鏡筒組成的穿透式電子顯微鏡（簡稱透射電鏡），成為當今全世界都廣泛使用的電子顯微鏡的先導。魯斯卡根據量子理論進行了計算，考慮到各種技術上的困難，他預測未來的電子顯微鏡分辨距離應能達到 0.22nm。

事實上，魯斯卡還是保守了。現代透射電鏡分辨距離可達 0.1nm，已經達到了原子級別，放大 150 萬倍。透射電鏡的發展，有力地推動了物理、化學、材料科學、分子生物學、醫學等領域的發展，成為人類探索微觀物質世界必不可少的技術。

第七篇　量子・幕後英雄

在顯微技術的發展歷史上，如果說光學顯微鏡是第一個里程碑，那麼透射電鏡就是第二個里程碑，而第三個里程碑則是掃描穿隧顯微鏡的發明。掃描穿隧顯微鏡的放大倍數可高達一億倍，分辨距離達 0.01nm，使人類第一次「看見」了單個原子，是世界重大科技成就之一。掃描穿隧顯微鏡的原理和前兩種顯微鏡完全不同，打個比方來說，如果前兩種顯微鏡是用眼睛看物體表面的話，那麼掃描穿隧顯微鏡就是用手在摸物體表面，從而感知表面的凸凹不平。

隨著對量子穿隧效應研究的深入，人們發現，當兩個金屬表面非常接近時，施加很小的外加電壓（0.002 至 2 V），電子就會穿過表面空間勢壘（兩金屬間的絕緣層）形成穿隧電流。穿隧電流有一個奇特的性質：在一定電壓下，穿隧電流隨間距增加而急遽減少，呈指數變化關係。這一變化非常敏銳，距離的變化即使只有一個原子直徑，也會引起穿隧電流變化 1000 倍。

人們意識到可以利用這一現象來建構物體表面的微觀形貌，其實就相當於是顯微鏡。但是這需要一個只有幾個原子直徑大小的探針，而且對探針的控制精度要求極高，與被測物體的距離需要小到 1nm 左右，這在技術上是極為困難的。

1970 年代，曾有科學家嘗試製作這樣的顯微鏡，但是最終失敗了。但是到了 1981 年，終於由 IBM 蘇黎世實驗室的格爾德・賓寧（Gerd Binnig）和海因里希・羅雷爾（Heinrich

Rohrer)製造成功。因為這種顯微鏡是利用量子穿隧效應在物體表面來回掃描,所以被稱為掃描穿隧顯微鏡。

掃描穿隧顯微鏡以一個非常尖銳的金屬(如鎢)探針(針尖頂端只有幾個原子大小)為一電極,被測樣品為另一電極,在它們之間加上 0.002 至 2 V 的電壓。當探針針尖在被測樣品表面上方做平面掃描時,即使表面僅有原子尺度的起伏,也會導致穿隧電流非常顯著的變化。這樣就可以透過測量電流的變化來反映表面上原子尺度的起伏,從而得到樣品表面形貌,如圖 24-2(a)所示。

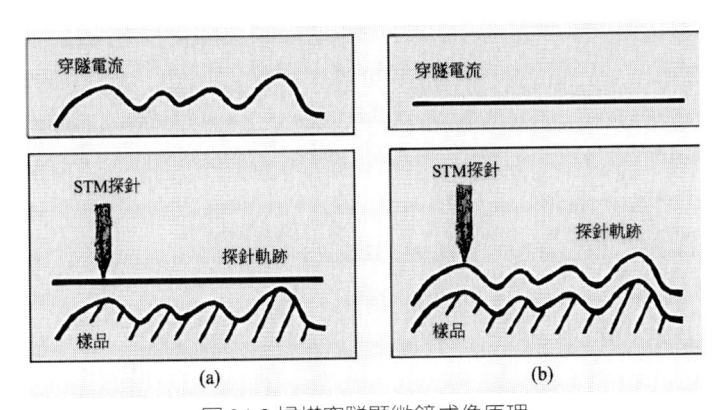

圖 24-2 掃描穿隧顯微鏡成像原理
(a) 探針高度恆定模式 (b) 穿隧電流恆定模式

還有一種測量方法,透過電子回饋電路控制穿隧電流在掃描過程中保持恆定。那麼為了維持恆定的穿隧電流,針尖將隨表面的起伏而上下移動,於是記錄針尖上下運動的軌跡即可給出表面形貌,如圖 24-2(b)所示。

第七篇　量子·幕後英雄

　　矽片是製造半導體積體電路的主要材料，製造積體電路用的矽片表面必須是高度平整光潔的，所以需要將單晶矽棒切割成一片一片薄薄的矽單晶圓片（簡稱晶圓）。如果把一塊單晶矽切開，最表面的那層原子周圍的化學鍵必然被切斷，表面原子就會重新建構化學鍵，這就是所謂的「表面重構」。沿（111）晶面方向切開的矽的表面出現的重構被稱作 7×7 結構。自 1959 年發現該結構以來，其原子如何排列一直困擾著人們，也成為熱門課題。1983 年，賓寧和羅雷爾利用他們發明的掃描穿隧顯微鏡第一次直接觀察到這種 7×7 結構（圖 24-3），終結了學術上多年的爭論，引起了極大的轟動，這是人類第一次親眼看見原子的真面目。

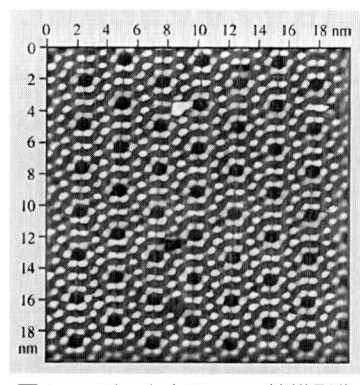

圖 24-3 Si(111) 表面 7×7 結構影像

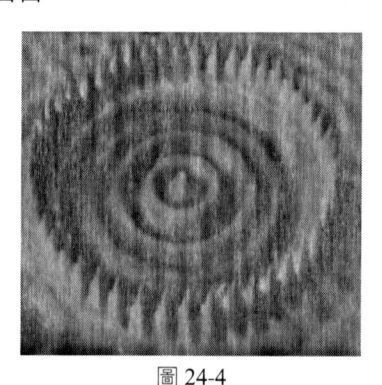

圖 24-4
48 個鐵原子形成的量子圍欄

　　掃描穿隧顯微鏡不但可以用來觀察材料表面的原子排列，而且還能用來移動原子。可以用它的針尖吸住一個孤立原子，然後把它放到另一個位置。圖 24-4 是 IBM 公司的科

學家精心製作的「量子圍欄」。他們在極低的溫度下用掃描穿隧顯微鏡的針尖把 48 個鐵原子一個個地排列到一塊精製的銅表面上，圍成一個圍欄，把銅表面的電子圈了起來。圖中圈內的圓形波紋就是這些電子的機率波圖景，電子出現機率大的地方波峰就高，它的大小及圖形和量子力學的預言符合得非常好。

1986 年，魯斯卡、賓尼和羅雷爾 3 人共同獲得了當年的諾貝爾物理學獎。無論是穿透式電子顯微鏡，還是掃描穿隧顯微鏡，都是量子物理帶給人類最好的禮物。

第七篇　量子·幕後英雄

第八篇
量子・尖端技術

第八篇　量子‧尖端技術

量子計算之演算法

　　1980年代開始，量子技術有了進一步的發展。量子力學從幕後走到了臺前，誕生了量子資訊技術，如量子電腦、量子金鑰傳輸（quantum key distribution）、量子隱形傳態（quantum teleportation）等。這些技術遵從量子力學的執行規律，實現的功能也反映了量子的特性，從而開闢了資訊技術的發展新方向。一旦這些技術獲得廣泛應用，人類社會將再次發生翻天覆地的變化。

　　量子電腦為什麼有這麼大的算力？它和我們的古典電腦到底有什麼不同呢？最大的不同，就在於它利用了量子力學的兩大特性──疊加與糾纏來實現運算。而與此同時，另外兩種量子特性──去相干與測量則成為它的軟肋。

　　人類進入資訊時代，以半導體晶片為核心的古典電腦居功至偉。晶片製造簡單來說就分為兩個大步驟：第1步是在單晶矽上製造幾十億個電晶體，第2步是用導線把這些電晶體按設計好的電路連線起來。電晶體越小、導線的寬度（線寬）越小，晶片整合度越高。28nm、14nm、7nm、5nm等製程工藝就可以代表導線的線寬，也能代表電晶體的尺寸。早在1960年代，英特爾創始人之一高登‧摩爾就預測同樣大

小的積體電路上可容納的電晶體數目每隔18個月便會增加1倍。

這樣的「神預言」竟然和後來積體電路的發展速度基本吻合，於是就被上升到了定律的高度，稱為摩爾定律。

目前，晶片製造工藝已經進入7nm、5nm，甚至3nm階段，更小尺寸的技術也在研發。但是原子的直徑大概在0.2至0.4 nm，也就是說，1nm相當於3到5個原子排列在一起，如果線寬進一步下降到小於1nm級別，量子穿隧效應將不可避免地影響電子裝置的正常工作。儘管研究人員正在努力透過各種手段進一步延續電晶體的製程尺寸，但是已無法阻止「摩爾定律」必將被打破的歷史趨勢。因此，研製以量子力學為基礎的量子電腦已經是勢在必行。

早在1981年，費曼就在一次演講中指出，用古典電腦來模擬量子系統的演化存在本質上的困難，其天文數字的計算量是古典電腦無法承受之重。所以他建議用量子體系去模擬量子體系。也就是說，可以構造一個量子體系，其演化的方式跟要模擬的體系在數學上是等價的，然後測量這個量子體系的演化結果，由於結果是機率性的，每測量一次相當於取一次樣，多次取樣以後我們就知道了這個機率分布。這實際上就是一種量子電腦的模型，事實上，現在有些型別的量子電腦執行的任務叫做某某取樣，其思路就來自於此，如上文提到的「高斯玻色取樣」和「量子隨機線路取樣」。

第八篇　量子·尖端技術

　　費曼提出量子電腦時，只是希望量子電腦能夠幫助科學家解決一些量子力學裡的特定問題，並沒有指望它能解決古典問題。但是到了 1994 年，量子電腦出現了一個里程碑式的突破，美國物理學家彼得·秀爾（Peter Williston Shor）發現了一種量子演算法——分解質因數演算法。秀爾的演算法向人們展示，相對於古典電腦，量子電腦可以大幅度提高分解質因數的速度，這立即引起了轟動。人們終於發現，除了量子力學問題，量子電腦還能更快速地解決某些古典的數學問題，極具應用前景，從此掀起了量子電腦的研究熱潮。

　　分解質因數是我們在小學就學過的數學問題，例如，21 可以分解成 3×7，看起來很簡單，但是，如果讓你分解 291 311，你還能回答出來嗎？所以說，這個看似簡單的問題其實是一個很難的問題：將兩個大質數相乘十分容易，但是想要對其乘積進行因式分解卻極其困難。對於那種由兩個很大的質數相乘得到的數，古典電腦需要花費大量時間才能把它的質因數找出來。對於古典電腦，如果電腦一秒能做 1012 次運算，那麼分解一個 300 位的數字需要 15 萬年，分解一個 5000 位的數字需要 50 億年！

　　因為質因數如此難以分解，所以在保密領域大有用處。現在廣泛應用的一種密碼協定叫 RSA 密碼協定，就是採用這種手段加密。這個密碼協定中，兩個質數的乘積是公開的，

但這兩個質數是保密的，破譯者必須將這個乘積分解為兩個質因數才能破譯密碼。例如，現在 RSA 密碼協定中需要破譯的整數用二進制表示有 2048 位，為了破解這個密碼，量子演算法大約需要 1.6×10^8 步，而古典演算法則需要大約 6.75×10^{51} 步。假設量子電腦和古典電腦每秒都能算 10^9 步，那麼量子電腦不到 1 s 就能破解密碼，而古典電腦則大約需要 2×10^{35} 年，這簡直是降維打擊！

但是，讀者不要高興得太早，我們上述假設的基礎是量子電腦每秒能算 10^9 步，而目前量子電腦的硬體研發還處於初級階段，還沒法實現這樣的計算能力。目前，公開報導的最佳效能，是科學家於 2017 年用量子電腦成功分解 291311 這個數字（291311 = 523 × 557），291311 換算成二進位制，是一個 19 位數，對於古典電腦，分解這個數字也是輕而易舉的事情。

那麼，量子電腦為什麼這麼難製造？它到底是怎麼製造的呢？

現代電腦都是採用二進位制的「位元」（也叫「位」，用「0」或「1」表示）作為資訊單位，工作時將所有資料排列為一個位元序列，進而實現各種運算。對於古典電腦而言，透過控制電晶體電壓的高低電平，就可以決定一個位元到底是「1」還是「0」，高電平代表「1」，低電平代表「0」。為了避免各種干擾的影響，高低電平並不是一個固定的值，而是一

第八篇　量子·尖端技術

個變化範圍，只要在這個範圍之內，就可以區分開這兩種狀態，所以比較容易控制（圖 25-1）。

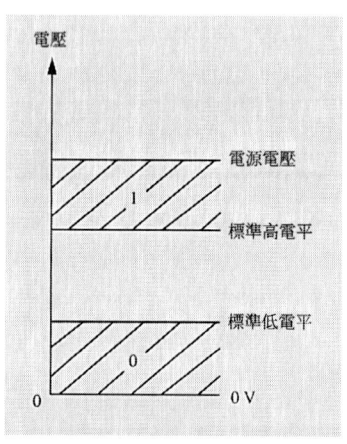

圖 25-1 古典位元高低電平的確定

而量子電腦使用的是量子位元，能秒殺傳統電腦得益於兩個獨特的量子效應 —— 量子疊加和量子糾纏。量子位元最大的特點，是它可以處於「0」和「1」的疊加態，即一個量子位元可以同時具有「0」和「1」兩種狀態。顯然，如果有 n 個量子位元，它們糾纏在一起，就能創造出一種超級疊加，這時它們的組合就有 2^n 個狀態。對這樣的狀態進行一次操作，就相當於對 n 個古典位元進行了 2^n 次操作。也就是說，n 個量子位元的計算能力是 n 個古典位元的 2^n 倍。由此可見，量子電腦的計算能力可隨著量子位元位數的增加呈指數增長，這是一個驚人的增長速度，這一特性讓量子電腦擁有超強的計算能力。

如果讀者聽過一個小故事,就會對指數增長有更深刻的認識。有一個農民與國王下西洋棋,國王說你如果贏了獎賞隨便要,農民說:「我只要在棋盤的第一格放一粒米,第二格放二粒,第三格放四粒,第四格放八粒⋯⋯每次都翻一倍,放滿這棋盤的 64 個格子就行了。」國王一聽,哈哈大笑,心想農民真是沒見過世面,米如果一粒一粒數,裝幾麻袋頂天了,就答應下來。可是,當國王輸了以後,讓人把米扛來,才發現這一次可輸大了,整個國家的米都不夠用!所有 64 個方格上的米粒總數為:$1+2+4+8+\cdots+2^{63}$,算下來大概是 1.8×10^{19} 粒,這國王如何賞得起?由此可見指數增長的驚人威力。

所以說,如果量子電腦的量子位元不多,其威力並不明顯,例如,一臺由 10 個量子位元組成的量子電腦,其運算能力相當於 1024 位的傳統電腦。但是,如果量子電腦擁有 50 個量子位元,其效能就能超過世界上絕大多數超級電腦,如果擁有 300 個量子位元,就能將世界上最先進的超級電腦需要數萬年來處理的運算縮短至幾秒鐘。

但是,成也蕭何,敗也蕭何。量子疊加可以使量子電腦執行驚人的運算速度,但麻煩的是,由於運算過程處於疊加態,所以運算結束後也是疊加態,要想得到運算結果,必須進行測量,可是測量結果只有一個,也就是說,本來有 2^n 個數據,你一測量,就剩一個了,其他全沒了。為了得到其

他數據，你不得不重複所有的計算。很顯然，為了得到所有的結果，重複計算的次數不會比所需結果的數目少，這樣看來，量子計算並不會比古典計算更節省時間。也就是說，簡單應用態疊加原理並不會使量子電腦獲得計算優越性。

那麼，如何才能利用量子計算的巨大潛力呢？很簡單，如果對於某些計算問題，不需要獲得所有的計算結果即可解決問題，那不就行了嗎？行是行，但是，這就需要進行非常巧妙的演算法設計。目前，只有少數問題人們獲得了高效的量子演算法，而對於絕大多數問題，如簡單的加減乘除，還沒有相關演算法。

如秀爾提出的分解質因數演算法，秀爾發現，在計算結果中存在某種週期性規律，這樣，我們就不需要獲得所有結果，只要找到這個週期性規律就能間接實現質因數分解。在秀爾演算法中，透過對輸入的量子態進行傅立葉轉換（Fourier transform）操作是演算法的核心，這是一種非測量性的變換操作，能將所尋找的週期值轉移到單個測量結果中，這是減少測量操作的關鍵。由於傅立葉轉換本身的操作比測量出全部計算結果的操作能節省大量時間，所以這種方法比起古典計算更能實現指數級加速。

1996年，美國科學家格羅弗（Lov Kumar Grover）發現了另一種很有用的量子演算法——量子搜尋演算法。它可以在一個海量的無序的數據庫中尋找某些符合特定條件的元素。

這個演算法雖然達不到指數加速，但是可以把搜尋問題從古典的 N 步縮小到 $\sqrt{N}$ 步，從而顯示出量子搜尋的優越性。這個演算法的特點是，利用不同狀態間的相干性，設計出合理的量子演算法，使得通往正確狀態的機率能夠迅速疊加增長，經過若干次重複執行後正確狀態的機率就能趨近於 1。此時進行測量，結果即為正確結果。例如，電話本以號碼排序，共有個 100 萬個號碼，要從中找出某人的電話號碼。古典方法是一個個找，平均要找 50 萬次，才能以 50% 的機率找到所要的電話號碼。而量子演算法每查詢一次就可以同時檢查所有的 100 萬個號碼，由於量子位元處於糾纏態，量子干涉效應會使前次的結果影響到下一次的量子操作，這種干涉生成的操作運算重複 1000 次後（即 $\sqrt{1\,000\,000}$），獲得正確答案的機率為 50%，如果再多重複操作幾次，則可以以接近於 1 的機率找到所需的電話號碼。

2008 年，量子演算法又取得突破。麻省理工的 3 位科學家開發了一種求解線性方程式組的量子演算法，被稱為 HHL 演算法。這種演算法並不能全方位代替古典的求解線性方程式組的演算法，只有當求出的線性方程式組的解不需要讀出（這就省去了測量的麻煩），而只是作為其他演算法的輸入值的時候，HHL 演算法才有可能提供計算加速。這一演算法在量子機器學習中有很好的應用前景。

現在，人們已經開發出幾十種量子演算法。隨著量子演

算法的研發,量子電腦的硬體研發也迅速跟進,關於量子邏輯閘、量子電路等許多設計方案不斷湧現,使得量子計算的理論和實驗研究蓬勃發展。

量子計算之硬體

有了量子演算法以後，人們需要做的，就是如何造出一臺量子電腦。一個量子電腦的工作原理分成四步：(1)建構可以表示量子位元的物理系統；(2)把所有量子位元初始化為一個給定的量子態；(3)對這些量子位元進行一系列邏輯操作，控制和操作量子態的演化和傳遞，最終到達某個量子態；(4)對最後的量子態進行測量，讀出結果。

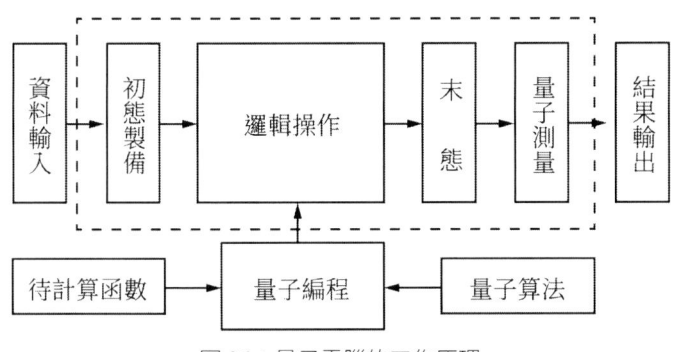

圖 26-1 量子電腦的工作原理

其工作原理如圖 26-1 所示。圖中的邏輯操作是資訊處理的核心，首先選擇適合於待求解問題的量子演算法，然後將該演算法按照量子程式設計的原則轉換為控制量子晶片中量子位元的指令程式，從而實現邏輯操作的功能。邏輯操作的步數越少，演算法就越快。

第八篇　量子・尖端技術

　　顯然，要想造出一臺量子電腦，第一步建構可以表示量子位元的物理系統是最基礎的。我們前面談到，古典位元的「1」和「0」透過控制電晶體電壓的高低電平來實現，那麼，對於量子位元，需要用什麼物理系統來實現「0」和「1」的疊加態呢？事實上，可供選擇的系統非常多，如我們最熟悉的系統光子的偏振態就可以。把光子的垂直偏振態作為「1」，水平偏振態作為「0」，那麼每一個光子就可以作為一個量子位元。除偏振疊加態之外，還可以採用光子的路徑疊加態以及其他一些自由度的疊加態來建構量子位元，而且實現多個光子位元糾纏的技術也比較成熟。

　　理論上，任何處於疊加態的粒子或處於疊加態的量子狀態都可以作為量子位元，所以除了光子以外，量子電腦常用的物理系統還有離子阱（被囚禁的離子）、約瑟夫森效應、超冷原子（接近絕對零度的原子）、金剛石色心（鑽石中的一種晶格缺陷）、半導體量子點（量子點指的是尺寸在奈米級的材料）等。這些物理系統裡，又有多種方式建構量子位元，如超導系統就可以分為電荷量子位元、磁通量子位元、相位量子位元等型別（這些型別的疊加態都比較複雜）。再如半導體量子點系統可分為電荷量子位元（電子位置在左和在右的疊加態）和自旋量子位元（電子自旋向上和向下的疊加態）等型別。

　　相對於其他物理系統，超導量子電腦在各種技術路線中被寄予厚望，這是因為基於超導量子電路的量子計算有以下

量子計算之硬體

優勢：(1)超導量子電路是一種電路，有很高的設計自由度；(2)超導量子位元的操控使用的是工業上廣泛應用的微波電子學裝置，易於實現複雜的調控；(3)超導量子晶片的製備工藝是基於成熟的半導體晶片微納加工技術，相對容易擴展到由大量位元構成的複雜晶片。

超導體系的核心物理裝置是約瑟夫森效應，這是一種「超導體 - 絕緣體 - 超導體」的三層結構（如$Al\text{-}Al_2O_3\text{-}Al$），其中絕緣層厚度只有幾奈米（圖 26-2），在超低溫下可表現出宏觀量子效應。在兩塊超導體之間夾一個絕緣層，按古典理論，電子是不能通過絕緣層的。但在 1962 年，英國物理學家約瑟夫森（Brian Josephson）根據穿隧效應從理論上做出預言，只要絕緣層足夠薄，超導體內的電子就可以透過穿隧效應穿過絕緣層而形成電流。

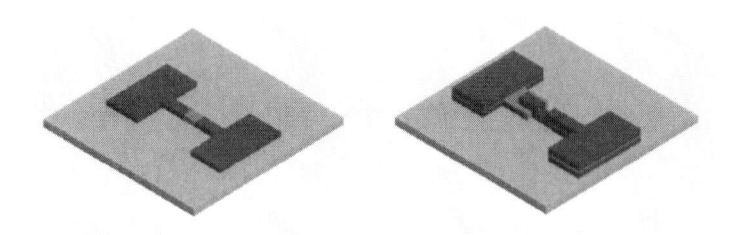

圖 26-2 兩種常見型別的約瑟夫森效應示意圖
（圖中深藍色為超導體，綠色為絕緣層）

1963 年，實驗證明了約瑟夫森預言的正確性。利用超導約瑟夫森效應來觀測宏觀量子效應最早在 1985 年提出，隨後

第八篇 量子・尖端技術

研究人員在超導約瑟夫森效應裝置中陸續觀測並實現了能級量子化、量子穿隧、量子態疊加、量子相干振盪等現象，為超導系統打下基礎。

圖 26-3 Google 推出的 53 個量子位元的超導量子晶片

(a) 量子位元處理器；(b) 封裝好的晶片

美國的 Google 公司在超導量子晶片方面多年來處於世界領先地位，圖 26-3 是其 2019 年推出的 53 個量子位元的超導量子晶片，該量子電腦被命名為「梧桐」。

除了超導量子電腦以外，基於半導體量子點的量子電腦也可以結合現代半導體微電子製造工藝來製造，也是最有希望的候選者之一。這一技術路線最早在 1998 年提出。

我們知道，古典電腦晶片依賴於電晶體，隨著摩爾定律的發展，電晶體尺寸越來越小，那麼，當電晶體小到極限以至於只能容納一個電子時，那會是什麼情況呢？這就是半導體量子點，有時也稱為單電子電晶體（圖 26-4）。2018 年，郭光燦的團隊以單個電子的量子點作為量子位元，創新性地製備了半導體六量子點晶片，在國際上首次實現了半導體量子

點系統中的三量子位元邏輯閘操控,為未來研製整合化半導體量子晶片打下基礎。

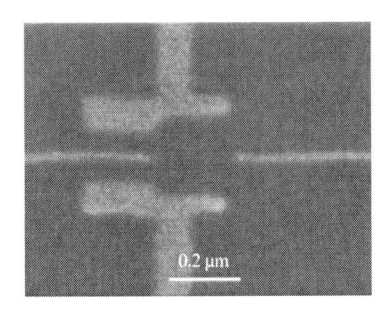

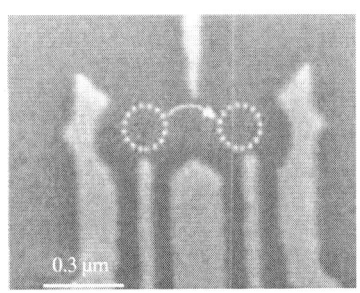

圖 26-4 半導體量子點的電極結構圖
(a) 典型的單量子點結構 (b) 典型的雙量子點結構

看到現在,相信讀者已經對量子電腦有了一個初步的了解,所以大家再看到關於量子電腦的新聞時,就要重點關注三個問題:第一,它運行的是什麼量子演算法;第二,它用的是什麼物理體系;第三,它有多少個量子位元。如前所述,量子電腦的算力是隨著位元數的增加呈指數上升的,所以量子位元的數目非常重要,它決定了量子電腦的效能上限。但是,在工程上提升位元數目是一件很困難的事情,量子位元越多越難造。

量子電腦發展到現在,還沒有進入實用階段,因為從理論到工程面臨著眾多棘手難題,其中最主要的一點就是古典電腦根本不存在的問題 —— 去相干。

第八篇 量子‧尖端技術

根據去相干理論（見第14章），當量子體系與外界環境相互作用後，就會發生去相干過程，使量子體系逐漸退化為古典體系，失去量子特性。量子電腦是宏觀尺度的量子裝置，環境噪聲和邏輯操作不可避免地會導致量子位元相干性的消失，使疊加態逐漸退化為確定態，這樣，量子電腦就退化成了古典電腦，失去了其使用價值。

所以，衡量某種技術路線的量子電腦的發展前景，有一個很重要的指標就是去相干時間。表26-1給出了各種物理系統的基本指標比較。

表26-1 量子電腦各種物理系統的基本指標比較

	光子	超導電路	半導體量子點	離子阱	金剛石色心	超冷原子
去相干時間	長	~10 μs	~10 μs	>1000	~10 ms	~1 s
可擴展性	較好	較好	較好	較差	較差	較差
運行環境	常溫	極低溫	極低溫	極低溫	常溫	極低溫

注：去相干時間都是現階段水準，將來會不斷有新的突破。

去相干時間指的是量子相干態演化到古典狀態的時間。量子計算必須在疊加態上進行，否則量子運算就沒辦法持續下去，因此，去相干時間越長越好。為了盡量減小環境對相干性的影響，量子電腦對環境要求相當苛刻，大部分系統都

需要在極低溫（接近絕對零度）和超高真空的環境中執行。即便如此，環境還是有干擾，量子態還是非常「脆弱」，因此，人們不得不採用量子編碼來糾錯。

「量子編碼」包括量子糾錯碼（出錯後糾正）、量子避錯碼（應用量子相干保持態避免出錯）和量子防錯碼（多次測量防止出錯）等。量子糾錯碼是發明分解質因數演算法的秀爾在1995年提出的，量子避錯碼是郭光燦院士團隊在1997年提出的。

量子糾錯碼用於糾正環境去相干造成的錯誤，是目前研究的最多的一類編碼。它是從古典糾錯碼類比得來，其優點為適用範圍廣，缺點是效率不高。

我們先了解一下古典糾錯碼的技術實現。如前所述，古典電腦透過控制電晶體電壓的高低來決定一個位元是「1」還是「0」。雖然「1」或「0」都對應一個較大的電壓範圍，但在噪聲的擾動下，一個處於0態的位元還是有很小的可能變成1，導致錯誤。為了盡可能避免和減少錯誤，古典糾錯方案是把3個位元當作1個位元用：

$$000 \to 0 \quad 111 \to 1$$

通常把左側3個位元叫做物理位元，把右側的1個位元叫做邏輯位元，其中邏輯位元是訊息處理的單元。3個物理位元處於000代表邏輯位元處於0，3個物理位元處於111代

第八篇　量子・尖端技術

表邏輯位元處於 1。假設由於噪聲，處於 000 態的物理位元變成了 010，由於 2 個位元同時出錯的機率很小，電腦就判定是中間的物理位元出錯，實施操作將其糾正為 000，這就降低了錯誤率。

量子糾錯碼與之類似，用若干物理量子位元來編碼 1 個邏輯位元，用以糾正去相干引起的錯誤。不同的是，量子編碼需要用更多的物理位元來糾錯。業已證明，至少需要 5 個物理位元編碼，才能實現 1 個邏輯位元的糾錯。可以說，這既是一個好消息，又是一個壞消息。好消息是，量子電腦可以製造；壞消息是，它極大地增加了製造的難度。量子電腦至少需要 50 個邏輯位元才有可能超越古典電腦，這就至少需要 250 個物理位元，加起來達到了 300 個量子位元的規模，這就對物理系統的可擴展性提出了極高的要求。

可擴展性指的是系統量子位元數目的擴展。和古典電腦的簡單並列就可以增加位元不同，量子電腦需要量子位元都糾纏在一起並準確操控，因此每增加一個位元都極為不易。而且，量子位元的數目越多，去相干就越容易發生。因此，整合 300 個量子位元面臨著非常大的技術挑戰，目前的最高紀錄也與之相去甚遠，我們距離具有實用價值的量子電腦還有很長很長的路要走。

另外，量子電腦目前還有一大缺點是沒有記憶體。古典電腦的除錯依賴於記憶體和中間電腦狀態的讀取，這在量子

電腦中是不可能的。量子狀態不可以像古典電腦那樣簡單複製以供以後檢查,對量子狀態的任何測量都會將其塌縮為一組古典位元,從而使計算停止。因此,新的除錯方法對於大規模量子電腦的開發至關重要。2021 年,郭光燦院士團隊打造出「量子隨身碟」,可以將光資訊儲存在特殊晶體中 1hr,大幅重新整理德國團隊創造的 1min 的世界紀錄,具備了實用化的前景,這也為量子電腦建構記憶體帶來希望。

展望未來,科學家們並不滿足於只能執行特定演算法的專用量子電腦,他們的終極目標,是製造可程式設計的通用量子電腦,可以用來解決所有可計算問題,可在各個領域獲得廣泛應用。通用量子電腦的實現必須滿足兩個基本條件:一是量子位元數要達到幾百萬量級,二是應採用糾錯容錯技術。鑑於目前量子電腦的研製還處在初級階段,因此通用量子電腦還只是理論上的藍圖,距離我們還很遙遠。不少物理學家認為,通用量子電腦從藍圖變為現實可能需要 50 年甚至更長的時間。征途漫漫,唯有奮鬥。

第八篇　量子・尖端技術

27. 量子密碼

　　2016 年，一則科技新聞引發了全球的關注，人類歷史上第一顆量子科學實驗衛星「墨子號」成功進入太空。該衛星由潘建偉團隊牽頭研製，執行在高度約 500km 的近地軌道，是世界第一顆探索太空與地面量子通訊可行性的衛星。升空之後，「墨子號」配合多個地面站，成功進行了星地量子金鑰分發、星地量子糾纏分發以及星地量子隱形傳態等實驗。截至目前，「墨子號」依然是世界上唯一在軌的具備量子通訊終端能力的衛星。

　　「墨子號」最主要的功能是實現了高速的星地量子金鑰分發。近年來，在地面上透過光纖執行的量子金鑰分發技術日漸成熟，已經實現了產業化，但傳輸距離仍然是其短板，而「墨子號」就是為了補齊這一短板，實現超遠距離傳輸，為建構天地一體化量子通訊網路探路而研發的。

　　我想讀者朋友們現在一定很好奇，到底什麼是量子金鑰分發呢？在了解量子金鑰之前，我們需要先簡單了解一下通訊與密碼學。

　　我們日常傳輸的訊息是由符號、文字、影像、語音等構成的，但在現代電腦和通訊系統中，這些訊息都被表示成由

27. 量子密碼

0 和 1 構成的位元串，例如，中文字元「漢」用 Unicode 編碼轉換成二進位制後得到的位元串是 11 100 110 10 110 001 10 001 001，所以通訊過程只要傳遞這個位元串即可。

密碼學的基本思想是對數據進行偽裝以隱蔽訊息，所謂偽裝就是對資料進行一組可逆的數學變換，偽裝前的原始數據稱為明文，偽裝後的數據稱為密文，偽裝的過程稱為加密。把明文變換成密文，需要兩個元素：加密演算法和金鑰。加密演算法就是變換的規則，金鑰就是變換的引數。

下面舉個例子來說明現代通訊的加密過程。

假設要傳遞的明文是：00 101 001。

首先設計一個加密演算法：設定金鑰長度與明文一樣，密文由明文每個數字與金鑰對應數字相加得到，規定 0+0=0，0+1=1，1+0=1，1+1=0；然後隨機生成一個金鑰：假設為 10 101 100；

加密過程如下：

```
明文      0 0 1 0 1 0 0 1
密鑰    + 1 0 1 0 1 1 0 0
        ─────────────────
密文      1 0 0 0 0 1 0 1
```

這樣就得到了用加密演算法加密後的密文：10 000 101。

接收方接收到密文後，透過金鑰反向運算即可解鎖密文，獲得明文訊息。事實上，上述加密演算法的一個突出優

第八篇　量子・尖端技術

點就是其加密運算與解密運算是一樣的，密文與金鑰直接相加就可以得到明文。這樣，加密和解密可以共用一個軟體或硬體模組，使工程製造量減少一半。

在通訊過程中，預設為密文和演算法都是可以被敵方破解的（因為敵方即使破解了也不會告訴你，你必須假設敵方已經破解），唯一需要絕對保密的就是金鑰。所以，發送方如何將金鑰安全送達接收方就成為保密通訊成敗的關鍵。你可能要問了，如果敵方從你的多次通訊中反推出金鑰怎麼辦？現代密碼學家早已想到了這一問題，早在 1940 年代，訊息學鼻祖夏農（Claude Elwood Shannon）就證明，如果金鑰隨機生成且長度與明文一樣，而且金鑰一次一換，絕不重複使用，則這種密文是絕對無法破譯的，這就是著名的「一次一密」。

但是，「一次一密」雖然安全，金鑰傳輸卻成了大問題。因為「一次一密」要消耗大量金鑰，需要甲乙雙方不斷地更新密碼本，這時候，甲方印一本密碼本送給乙方的方式肯定不實用了，只能透過光纖、無線電波等現代通訊網路傳輸，而這些管道都有被敵方竊聽的可能，而且即使被竊聽了你也很難發現。所以，目前的古典通訊使用「一次一密」並不廣泛。

目前，古典通訊廣泛使用的方法主要是「公鑰加密法」，最常用的是 RSA 密碼協定。這種方法之所以安全，是因為採用了大數分解質因數這種古典電腦無法計算的數學問題。然而，量子電腦的分解質因數演算法可以輕易破解這一難題，

27. 量子密碼

一旦量子電腦的研究達到實用化，RSA 公鑰系統將無密可保，那時候該怎麼辦呢？

唯一的辦法，就是放棄 RSA 加密，找別的加密手段。這時候，「一次一密」重新進入了人們的視線，這是絕對無法破譯的加密手段，如果能保證金鑰傳輸不被竊聽就是絕對安全的。於是，量子金鑰就應運而生了。人們發現，量子通訊具有一個天然的優勢，因為量子測量的隨機性，它可以產生絕對隨機的字元串，這些字元串是絕佳的金鑰。而且因為量子態的不可複製性和不確定性，任何企圖竊取傳送中的量子金鑰的行為都會被合法使用者發現，也就是說，它是沒辦法被竊聽的！

首先想到將量子力學用於保密的是美國哥倫比亞大學的一個研究生威斯納（Stephen J. Wiesner），他在 1970 年提出一個異想天開的概念──量子防偽鈔票。他想像出一種可以在上面儲存 20 個光子的鈔票，每個光子都由銀行隨機用「十字」和「交叉」兩種方向的偏振片測量（圖 15-2），每張鈔票的測量結果都儲存在銀行的數據庫裡。例如，圖 27-2 就是這樣一張鈔票，20 個光子的偏振狀態如圖所示，銀行數據庫了記錄了這張序號為 A123456 的鈔票的光子偏振資訊。

第八篇　量子・尖端技術

圖 27-2 威斯納的量子防偽鈔票

如果有人想造假鈔，就要面對一個很大的問題——他可以印刷序號 A123456，但無法得知這 20 個光子的偏振狀態，他需要測量。但是，他不知道每一個光子是用「十字」還是「交叉」偏振片測量的，所以，一旦他拿錯了偏振片，測量結果將發生錯誤，同時光子的偏振態發生改變（例如，一個 45°偏振光子通過十字偏振片，變成水平偏振態或垂直偏振態的機率各一半，如圖 27-3 所示），於是光子偏振訊息就不可能正確複製了。這樣，銀行很容易就能檢驗出他做的是一張假鈔。

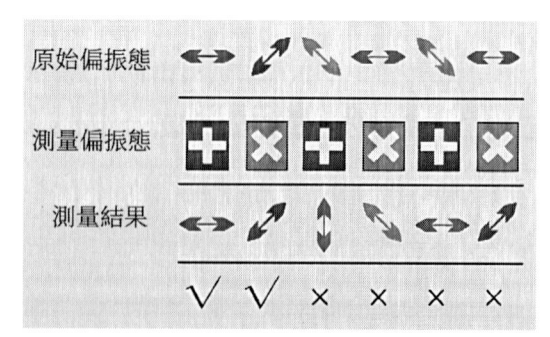

圖 27-3 測量基對測量結果的影響（後面四個光子選錯了偏振片，光子的偏振態發生改變，測量結果全部錯誤）

27. 量子密碼

這真是一個腦洞大開的想法，但是，即使在現在，想要把 20 個光子儲存到一張小小的紙幣上也是天方夜譚。所以，當威斯納把他的想法寫成論文投稿後，雜誌社的編輯認為這個年輕人簡直就是在胡言亂語，直接退稿。他又投稿到另外三家雜誌社，無一例外地全部退稿。同時，他的導師也並不看好他的這一創意，對他的想法不感興趣。於是，他只好把論文束之高閣。

1983 年，威斯納終於找到了一個機會，在一個關於密碼學的國際會議上發表了這篇論文，這距離他提出這個創意已經過去 13 年了。不過，趕得早不如趕得巧，恰好參加這次會議美國的密碼專家貝內特（Bennett）和加拿大的密碼專家布拉薩德（Brassard）對威斯納的量子防偽鈔票很感興趣，他們很重視威斯納的創意，並從中深受啟發。他們認識到，威斯納的單光子雖然不好儲存，但可用於傳輸訊息，由此可以建立量子密碼。經過一年的研究，兩人在 1984 年提出了用單光子偏振態編碼的第一個量子密碼術方案，現在稱之為 BB84 協定，這便是量子密碼的起源。

BB84 協定解決的是通訊雙方的金鑰傳遞問題。古典的金鑰傳遞是甲方預先設定好金鑰，然後傳遞給乙方。而量子金鑰並不是預先就有的，它是在甲乙雙方建立通訊管道之後，透過雙方的一系列量子操作，直接在雙方手裡產生的，而且不用看對方的數據，就能確定對方的金鑰和自己的金鑰

完全相同。也就是說，量子金鑰是一個雙向產生的過程，這就好像有一個不存在的第三方把金鑰分發給甲乙雙方，所以稱為「量子金鑰分發」。量子金鑰分發能使通訊的雙方產生並分享一個隨機的、安全的金鑰，這是古典通訊不可能完成的任務。

看到這裡，有的讀者可能會想到，量子糾纏不就能達到這個效果嗎？是的，沒錯，如果用糾纏源產生一對對的糾纏光子，分別發送給甲方和乙方，當他們使用相同的測量基來測量他們各自獲得的光子的偏振態時，他們的測量結果是一致的，這樣雙方就都獲得了金鑰，這也是後來提出的 Ekert91 協定和 BBM92 協定的基本原理。但是，目前糾纏分發的速度還不夠快，很難達到實用化的水平，所以，在眾多量子金鑰分發協定中，研究最深入、實用化程度最高的還是 BB84 協定，它已經成為目前國際上使用最多的量子金鑰方案，並成為量子通訊發展的重要基礎。

BB84 協定是利用單光子來進行量子金鑰分發的，下面我們來簡單了解一下它的基本實施過程，讀者可以將其與威斯納的量子防偽鈔票進行對比，體會二者的區別與關係。

如圖 27-4 所示，在 BB84 協定中，甲方用單光子源產生一系列光子，並將這些光子透過沿正向或斜向放置的偏振稜鏡隨機製備成偏振方向為 0°、45°、90°或 135°的單光子序列，然後透過量子通道（如光纖或自由空間等）將這些光子傳

送到乙方，乙方隨機選擇「十字」或「交叉」檢偏稜鏡進行測量，將測量結果記錄下來。為了方便說明，我們舉個例子，假如說甲方發送了 12 個光子，這些光子的偏振態如圖 27-5 所示，代表著 110 001 001 010 這樣一個字元串，乙方隨機測量後，得到的結果是 011 001 101 010，顯然二者不一樣。那該怎麼辦呢？注意，重點來了。這時候，乙方用古典管道公布所用的測量基（無需保密），甲方告訴他哪些測量基選對了（無需保密），即圖中打對號的測量基。這樣，雙方可以確保打對號的光子測量結果是一致的，於是就保留對的，捨棄錯的，這樣就得到了金鑰 1 001 110，然後甲方根據這個金鑰用古典通訊來傳送密文，乙方用這個金鑰來解密。

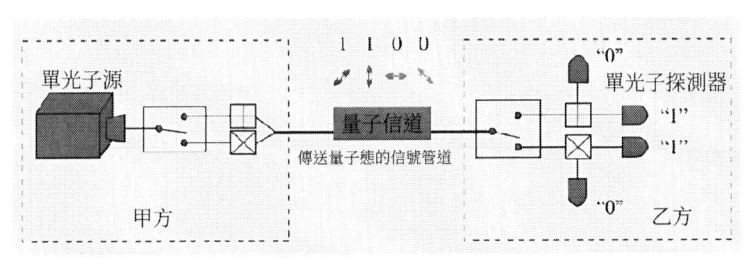

圖 27-4 BB84 協定量子金鑰分發過程

第八篇　量子·尖端技術

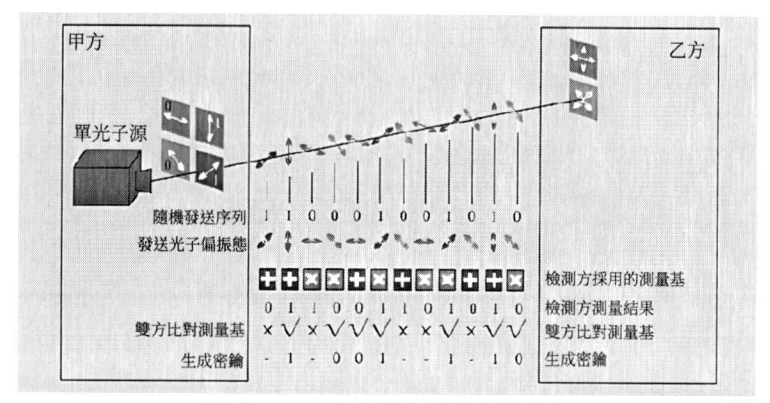

圖 27-5 BB84 協定量子金鑰分發過程

有讀者可能要問了，乙方直接公布所用的測量基，甲方告訴他哪些選對了，都無需保密，不怕敵方知道嗎？這就是量子保密通訊的妙處了，即使敵方知道了也沒用，因為每個測量基都對應著 0 和 1 兩種測量結果，是 0 是 1 只有甲乙雙方知道，別人是沒法得知的。如果敵方想竊聽，只能破壞量子管道，這會導致甲乙雙方最終形成的金鑰不一致，甲乙隨機選擇一段金鑰進行比對，只要發現誤位元速率異常得高，便知有竊聽者存在。

1996 年，科學家們給出了 BB84 協定的嚴格安全性證明，證明金鑰分發過程中只要有人竊聽，一定會對系統產生擾動從而被通訊雙方得知。但是有一個前提條件，就是必須保證每次只發射一個光子才能絕對安全，一次多於一個光子就可能被竊聽。而現有的單光子源技術還不成熟，很難投入

實際應用，不得不使用一些替代光源，例如，雷射經過衰減後得到的弱雷射脈衝，而這種雷射脈衝每次發射的光子數是不確定的，可能是一個，也可能是多個，這就使竊聽者有了可乘之機。好在在 2003 年到 2005 年，美國西北大學的黃元瑛和中國清華大學的王向斌等提出了誘騙態協定，克服了不完美單光子源帶來的量子通訊安全漏洞，使得量子金鑰分發獲得了真正的應用價值。很快，量子金鑰分發在光纖中的安全傳輸距離就突破了 100km，隨後，世界各國開始紛紛布局和推進量子保密通訊的實用化。

2017 年 9 月，世界首條量子保密通訊網路正式開通。其利用的核心技術就是誘騙態 BB84 理論方法，該網路在各地的內部量子網路的基礎上，透過幾十個中繼節點把它們連線起來，從而在 2000km 的範圍內實現量子保密通訊。

光纖網路中訊號損耗較大，所以需要大量的中繼節點才能實現遠距離量子通訊，而如果藉助自由空間來傳輸訊號，損耗就小得多，這樣就能實現更遠距離的量子通訊，這就是「墨子號」量子衛星的優勢所在。「墨子號」軌道高度為 500km 左右，只有在 10km 的大氣層內有訊號損耗，出了大氣層接近真空，訊號基本不會受到影響，因此大大拓展了傳輸距離。然而，衛星與地面之間建立訊號通道的困難也是顯而易見的，衛星相對於地面以每秒幾千尺的速度掠過，單光子訊號又非常微弱，所以雙方對準探測器非常困難，打個比

方來說，其精度相當於在 50km 外把一枚硬幣扔進一列全速行駛的高鐵上的一個礦泉水瓶裡，而且為了保證衛星與地面站的通訊，衛星過站期間必須一直保持這種精確的通訊連線狀態，其難度可想而知。

令人難以置信的是，「墨子號」居然做到了。「墨子號」在經過地面站的時間段內，衛星上量子誘騙態光源平均每秒發送四千萬個訊號光子，一次過軌對接實驗可生成 300KB 的金鑰，平均成位元速率可達 1.1KB/s，已經初步具備了實用功能。但由於「墨子號」是低軌衛星，相對地面飛行速度較快，每次過站時間小於 10min，並且採取了夜間工作模式來避免陽光的干擾，因此還無法滿足全天候的通訊需求。

2017 年，量子保密通訊網路與「墨子號」成功連接，這代表全球首個天地一體化的廣域量子通訊網路已建構出雛形。科學家們未來的目標，是發射多顆由高軌衛星和低軌衛星共同組成的「量子星座」，與地面光纖網路一起，打造真正的「量子網際網路」。

毀滅與重生

　　1999 年，自然科學領域的頂級期刊《自然》(Nature) 精選了一百多年來該雜誌所發表的 21 篇物理學論文，組成特刊「百年物理學 21 篇經典論文」，以此紀念百年來物理學所取得的偉大成就。這些論文裡，包括倫琴發現 X 射線、愛因斯坦介紹相對論發展、華生和克里克發現 DNA 雙螺旋結構等重要論文，而令人矚目的是，其中竟然有一篇僅僅發表 2 年的論文——《量子隱形傳態實驗》。這篇論文是奧地利的蔡林格團隊（潘建偉是該論文的第二作者）發表的，他們成功地在世界上首次實現了量子隱形傳態。1997 年，該論文一經發表就引起了轟動，成為量子資訊領域的經典之作。

　　你一定很好奇，什麼是量子隱形傳態？它到底有什麼神奇的魔力，能讓世界為之矚目？

　　隱形傳送，可以說是人類長久以來的夢想，一個人在某處神祕消失，而後又在另一處神祕出現，這是不少科幻小說中出現的場景。這種場景非常令人神往，但人們也都知道，這不過是科學幻想罷了。而量子隱形傳態的出現，則讓人們似乎看到了一絲希望。科學家們提出的「量子隱形傳態」方案，可以使粒子的量子態在某處消失，隨後在另一處重現，

第八篇　量子・尖端技術

真的有點像科幻中的隱形傳送。

但是，量子隱形傳態和科幻中的隱形傳送還不太一樣。我們想像中的隱形傳送是把一個粒子從甲地傳送到乙地，而量子隱形傳態則是將甲地的某一粒子的未知量子態在乙地的另一粒子上還原出來。也就是說，甲地的粒子並沒有移動，它還待在原地，不過，它的「靈魂」被轉移到了乙地的另一個粒子身上，那個粒子變得和它一模一樣，就像把它傳送過去一樣。所以，這裡頭有個詞很關鍵，叫「傳態」而不是「傳送」，「傳送」是直接傳送粒子本身，而「傳態」只是傳送量子狀態。

那麼，這是不是相當於在乙地複製出了甲地的粒子呢？還不能叫複製，因為複製過程原件並不會損壞，而在量子隱形傳態過程中，必須把「原件」摧毀才能獲得「複製件」，因為從理論上來講，如果不損壞「原件」，量子態是不可複製的，這是由「量子態不可複製原理」決定的。1982 年，物理學家從態疊加原理得出推論，對任意一個未知的量子態進行精確的完全相同的複製是不可實現的，這就是「量子態不可複製原理」。其實這並不難理解，「複製」（cloning）是在不損壞原有量子態的前提下再造一個相同的量子態，而任何一個量子態都是處於疊加態的，想複製它就得對它進行測量，一測量就會變成確定態，它就被破壞了，你如何能複製它呢？

不可複製，那就想別的辦法。1993 年，貝內特（Bennett）

等 6 位科學家聯合發表了一篇題為《由古典和 EPR 通道傳送未知量子態》的論文，率先提出量子隱形傳態的設想。論文提出的方案是：將甲地量子態所含的訊息分為古典訊息和量子資訊兩部分，分別由古典通道和量子通道（利用量子糾纏實現）送到乙地，接收者在獲得這兩種訊息後，在乙地重新構造出甲地量子態的原貌。這種「隔空傳態」的設想立刻引起了人們的興趣，因為從某種意義上來說，「隔空傳態」和「隔空傳物」的效果是一樣的，新的粒子和原來的粒子一模一樣，那不就相當於把原來的粒子傳送過去了嗎？

量子隱形傳態的原理如圖 28-1 所示。粒子 1 是甲地需要傳態的原物粒子，處於某種未知的量子態。粒子 2 和粒子 3 是一對處於糾纏態的粒子，分別發送至甲地和乙地，由於粒子 2 和粒子 3 處於糾纏態，因此只要一方被測量，另一方會瞬時發生相應的變化。然後，在甲地對粒子 1 和粒子 2 進行一種叫做貝爾態分析的聯合測量。在貝爾基測量過程中，粒子 1 與粒子 2 隨機地以四種可能方式之一糾纏起來，導致 3 個粒子之間實現了「糾纏轉移」，粒子 1 原來量子態的大部分訊息轉移到了粒子 3 上。然後，甲把貝爾基測量結果透過古典通道告訴乙，乙便獲得了剩餘的訊息，於是可以採取相應的操作，將粒子 3 轉換成粒子 1 原來的量子態。這就是量子隱形傳態的全過程。在此過程中，發送者對粒子 1 的量子態一無所知，貝爾基測量完成後，粒子 1 的量子態就被破壞

第八篇　量子・尖端技術

了。需要注意的是，由於量子隱形傳態需要藉助古典通道才能實現，因此並不能實現超光速通訊。

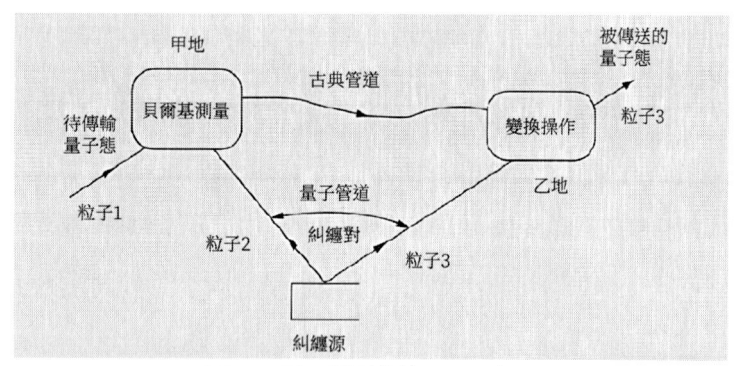

圖 28-1 量子隱形傳態原理示意圖

量子隱形傳態方案提出以後，科學家們紛紛開始嘗試實驗驗證。1997 年，蔡林格團隊率先成功，他們將一個光子的未知偏振態利用量子隱形傳態成功傳輸至另一個光子上，該實驗直觀地向人們展示了量子力學的神奇，引起了巨大轟動。隨後，世界各國的科學家們如火如荼地開展了各種量子隱形傳態實驗。量子隱形傳態又先後在冷原子、離子阱、超導、量子點和金剛石色心等諸多物理系統中得以實現。

量子隱形傳態能夠藉助量子糾纏將未知的量子態傳輸到遙遠地點，而不用傳送物質本身，因而可以作為一種簡單而又神奇的量子通訊方式來傳輸量子位元。量子隱形傳態是遠距離量子通訊和分散式量子計算的核心功能單元，在量子通訊和量子計算網路中發揮著至關重要的作用。

量子隱形傳態是量子糾纏的重要應用，但是，量子糾纏卻有一個致命的缺點——量子糾纏十分脆弱，環境的去相干作用會不可避免地破壞其量子特性而使「糾纏」消失掉，即兩個糾纏的量子客體最終會演化為不糾纏的狀態。環境的去相干作用不僅包括古典噪聲，諸如熱運動、電磁場、吸收、散射等，還包括量子噪聲，即真空量子漲落（真空能量波動導致真空中不斷地有各種正反虛粒子對產生並迅速湮滅）。即使你能將古典噪聲完全隔絕，量子噪聲也無法消除，而且無處不在。因此，如何採取措施克服去相干，拓展量子隱形傳態的傳輸距離，是一個重要的研究課題。

　　光纖中的損耗和去相干效應比較顯著，因此隱形傳態的距離受到了極大的限制。2004 年，蔡林格團隊利用多瑙河底的光纖通道，成功地使量子隱形傳態的距離達到了 600m。2020 年，美國加州理工學院的研究團隊在光纖通道內實現了 44 km 的遠距離量子隱形傳態，保真度大於 90%。

　　2004 年，潘建偉團隊開始探索在自由空間中實現更遠距離的量子通訊。自由空間簡單來說就是沒有物質的空間，如外太空。在自由空間，環境對光子的干擾極小，光子一旦穿透大氣層進入外層空間，其損耗便接近於零，這使得光纖在自由空間比遠距離傳輸方面更具優勢。2012 年，潘建偉團隊在青海湖上空首次成功實現了百千尺級的自由空間量子隱形傳態。2017 年，藉助「墨子號」量子科學實驗衛星，該團隊

成功實現長達 1400km 的量子隱形傳態，創造了傳輸距離的世界紀錄。

上面介紹的單光子偏振態的量子隱形傳態屬於離散變數方式，量子隱形傳態還有一種方式叫連續變數量子隱形傳態。離散變數實驗中所使用的是一個一個的單光子，而在連續變數實驗中，以由大量光子組成的光學模為基本單元，其探測效率要比離散變數更高。1998 年，美國加州理工學院首次實現了連續變數的量子隱形傳態。2016 年，中國山西大學光電研究所在國際上首次實現了長達 6km 距離的基於光纖的連續變數量子隱形傳態。

量子隱形傳態最容易引起人們遐想的地方，莫過於它是否可以實現「隔空傳物」甚至「隔空傳人」。畢竟，人也是由微觀粒子組成的，儘管數量大到近乎天文數字。其設想是，是否可以把一個人身上所有粒子的量子資訊傳遞到另一地的粒子上進行人體重組？這個設想已經完全超出了現階段物理學家們的能力，實現的可能性為零。但是，假如說在遙遠的未來真的實現了「隔空傳人」，按照量子隱形傳態原理，必須把一個人在一地摧毀，然後才能在異地重建，那麼，即使重建的人和被摧毀的人完全一樣，他還是原來的他嗎？

展望未來

　　量子力學是一場科學上的革命，它幾乎顛覆了以牛頓力學為代表的古典物理的所有觀念，讓人類對世界的認識提高了一個層次。

　　同時，量子力學也給人類帶來了技術上的革命。第一次量子革命催生的相關技術早已深入到我們日常生活的每個角落，在這些技術裡，量子力學隱身幕後，深藏功與名，如雷射、半導體、電晶體、核磁共振、高溫超導、原子鐘等。這些裝置功能上遵從古典物理規律，但其執行基礎卻是基於量子力學原理，如果沒有量子力學，人類就無法研究其物理原理，也就很難發明出這些技術。我們習以為常的各種晶片離不開電晶體，衛星導航離不開原子鐘，可以說，正是第一次量子革命，才使人類進入了現代資訊社會。

　　隨著量子資訊技術的開發，量子力學從幕後走到了臺前，帶來了第二次量子革命。量子通訊、量子計算、量子密碼、量子網路、量子模擬、量子感測、量子雷達、量子導航、量子關聯成像、量子精密測量等技術，令人目不暇接，眼界大開。這些量子裝置和技術在功能上直接遵從量子力學規律，可以完成古典技術所不能完成的任務。這些嶄新的技

第八篇　量子·尖端技術

術將會給人類社會再一次帶來翻天覆地的變化。

在量子力學的世界裡，量子態的疊加（相干性）、糾纏（非定域性）和測量（隨機性）是其區別於古典力學的最主要的特性，也是各種量子資訊裝置的技術基礎。同時，量子態的不可複製性是這些技術的安全基礎。反過來，環境的去相干效應則是這些技術需要面對的主要問題。

現階段，量子科技的國際競爭日益激烈，技術發展日新月異。以量子電腦為例，2019 年，美國 Google 公司釋出 53 位元超導量子電腦「梧桐」，宣稱實現「量子霸權」；2021 年，中國釋出了 62 位元超導量子電腦「祖沖之號」和 66 位元的「祖沖之二號」，量子位元數目超過了「梧桐」；而到了 2021 年年底，IBM 公司宣稱已經研製出了一臺能執行 127 個量子位元的超導量子電腦「鷹」，再次打破紀錄。你追我趕，爭奪異常激烈。

而在技術路線上，創新也是層出不窮。本書前面提到的量子計算都是基於量子邏輯電路，與古典的圖靈機具有類似的架構，可以稱之為標準量子計算。近年來，一些科學家對如何實現量子計算提出了一些不同的架構，如拓撲量子計算、絕熱量子計算（量子退火演算法）、單向量子計算等，這些量子計算架構具有去相干時間長、抗干擾能力強等優點。在這些新的設想中，絕熱的量子退火電腦發展最快。量子退火電腦的主要用途是求解某些最優化問題，它執行的是量子

退火演算法，這是一種利用量子波動產生的量子穿隧效應來搜尋問題最優解的演算法。加拿大的 D-Wave 公司在該領域處於世界領先地位，已經推出了商業化產品。2017 年，D-Wave 公司推出由 2,000 個位元構成的超導量子退火電腦，它的處理器由排列於整齊格子中的金屬鈮超導線圈構成，每個線圈是一個量子位元，在接近絕對零度的溫度下工作，對於最優化問題，該機勝過當前高度專業化的古典演算法 1,000 至 10,000 倍。2020 年，該公司又釋出了 5,000 量子位元的退火電腦，再次重新整理紀錄。

過去 100 年來，第一次量子革命從根本上改變了人類的生活方式。

我們有理由相信，在未來的 100 年，第二次量子革命還會創造更多的奇蹟，讓我們做好準備，一起迎接這激動人心的新時代吧！

第八篇　量子・尖端技術

附錄 A
一維無限位能井中自由粒子的運動

　　薛丁格方程式在量子力學中的作用，相當於牛頓方程式在古典力學中的作用。處理量子力學問題，首先就是寫出薛丁格方程式，然後進行求解，可解得能量與波函數，進而可求其他可觀測量，最後對解的結果進行分析與討論。

　　薛丁格方程式的求解在多數情況下是很困難的，只有少數幾個例子是可以精確求解的。下面我們就來看一個可以精確求解的例子──一維無限位能井中自由粒子的運動。透過對薛丁格方程式的求解，我們可以認識到許多奇異的量子特性。

　　一維無限位能井中自由粒子是指：一個質量為 m 的粒子，沿 x 軸在一維方向上運動，它受到如圖 A-1 所示的位能的限制（圖中縱座標表示位能，由於這個影像一個井，所以被稱為位能井），井外位能無窮大、井內位能為零。由於井外位能無窮大，故該粒子在井外永不出現；而井內位能為零，故該粒子在井內不受力而自由運動。也就是說，該粒子被限制在 x 軸上 0 至 l 範圍內自由運動。

附錄 A 一維無限位能井中自由粒子的運動

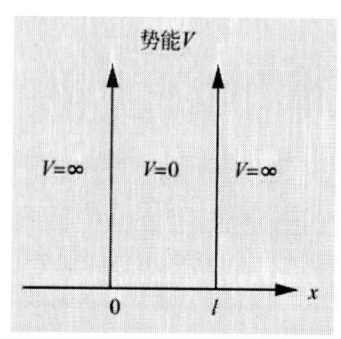

圖 A-1 一維無限位能井

該粒子的薛丁格方程式為

$$-\frac{\hbar^2}{2m}\frac{d^2\psi(x)}{dx^2} = E\psi(x) \quad (A-1)$$

這是一個微分方程式,其求解超出了本書的範圍。讀者可以參考相關量子力學教科書,本書直接給出求解結果。

粒子的能量:

$$E_n = \frac{n^2 h^2}{8ml^2} \quad (A-2)$$

粒子的波函數:

$$\psi_n(x) = \sqrt{\frac{2}{l}} \sin\frac{n\pi x}{l} (0 \leqslant x \leqslant l) \quad (A-3)$$

上面兩個式子裡的 n 是在求解過程中自然引入的引數,n 只能取正整數(n=1, 2, 3, 4, …),稱之為量子數。(A-2)式中的 h 是普朗克常數。

1. 能量

　　首先來對能量進行分析。由 (A-2) 式可以看出，由於 n 只能取正整數，所以粒子的能量只能取一些離散的數值，這就是量子力學的重要特性——能量量子化。這裡量子化的得出是由薛丁格方程式「自然地」得到的，而不像普朗克和波耳那樣是人為「強加」給粒子的。這樣量子力學對能量量子化的解釋就更為合理和順暢，也使人們更容易判斷什麼情況下能量是量子化的，什麼情況下可以近似看作是連續的。我們來看下面幾個例子。

　　已知兩個能級的能量差 $\Delta E_n = E_{n+1} - E_n$，求下面三種情況下 $\Delta E_n = ?$

　　例 1： $m = 9.11 \times 10^{-31}$ kg 的電子，在 $l = 10^{-10}$ m 的一維位能井中；

　　例 2： $m = 9.11 \times 10^{-31}$ kg 的電子，在 $l = 0.01$ m 的一維位能井中；

　　例 3： $m = 10^{-3}$ kg 的粒子，在 $l = 1$ m 的一維位能井中。

代入公式計算，可以得到如下結果。

　　例 1： $\Delta E_n = (2n+1) \times 38$ eV；

　　例 2： $\Delta E_n = (2n+1) \times 2.35 \times 10^{-15}$ eV；

　　例 3： $\Delta E_n = (2n+1) \times 3.43 \times 10^{-46}$ eV。

對於例 1，相對於電子這樣的微觀粒子來講，能級間隔

附錄 A 一維無限位能井中自由粒子的運動

非常大,能量是量子化的。對於例 2,能級間隔非常小,可以近似認為能量是連續的。10^{-10}m 是原子尺度,0.01m 是宏觀尺度,也就是說,如果電子在原子尺度內運動,量子化特徵非常明顯;但是,如果它在宏觀尺度內運動,量子化特徵基本消失。正因為如此,原子中電子的運動由於量子特性而讓人捉摸不定,但電視機映像管中的電子又能在螢光幕上呈現出我們想要的影像,而不是一團亂麻。

透過例 3,可以看到如果是一個宏觀粒子,由於 m 和 l 都很大,所以能級間隔小到沒有意義,能量完全可以看成是連續的,已經完全失去了量子特性。

2. 波函數

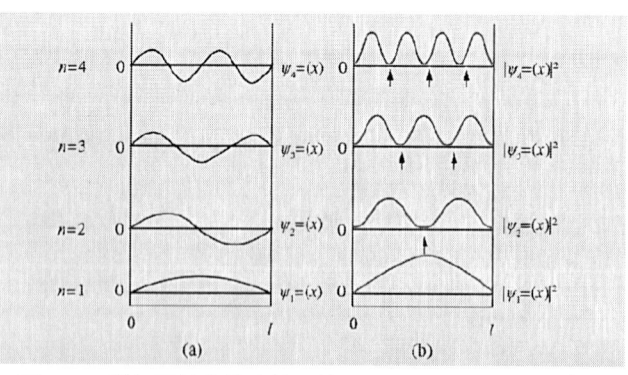

圖 A-2 一維無限位能井中粒子的 $\psi(x)$ 和 $|\psi(x)|^2$ 影像,$|\psi(x)|^2$ 2
圖中箭頭所指的位置為節點
(a) 波函數;(b) 機率密度

接下來對波函數進行分析。波函數的模的平方 $|\psi(x)|^2$ 具有明確的物理意義：$|\psi(x)|^2$ 表示在座標 x 點發現粒子的機率密度。圖 A-2 給出了由 (A-3) 式繪製的 $\psi(x)$ 和 $|\psi(x)|^2$ 的影像。可以看出，波函數 $\psi(x)$ 是一種正弦波影像，而且能量越高，其「振動」越劇烈。在對波函數進行分析時，最有意義的是 $|\psi(x)|^2$，它給出了粒子的空間機率密度分布影像，對於一維的 x 軸，事實上就展現出粒子在這條軸上每一點出現的機率。從 $|\psi(x)|^2$ 影像可看出，當此粒子處於基態時（n=1），粒子在 l/2 處出現的機率最大；當粒子處於第一激發態時（n=2），在 l/4 和 3l/4 兩處出現的機率最大，但是在 l/2 處出現的機率為零，我們把機率為零這一點叫做節點。可以看到，n 越大，節點數越多。

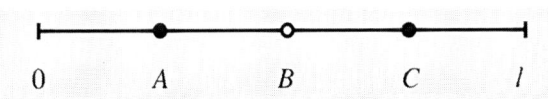

圖 A-3 一維無限位能井中粒子處於第一激發態的運動

從古典力學的角度來看，存在節點是不可想像的。為什麼這麼說呢？我們來分析一下第一激發態（n=2）粒子的運動。如圖 A-3 所示，粒子在 x 軸上 0~l 範圍內做一維運動，中心的 B 點是節點，粒子在 B 點左右兩邊都有出現的機率，但在 B 點出現的機率為零。那麼問題來了，如果粒子在 A 點出現以後又在 C 點出現，那麼它是怎麼過去的？

按照古典力學，從 A 點到 C 點，粒子只能沿著軸移動過

附錄 A　一維無限位能井中自由粒子的運動

去,但這樣就必然會經過 B 點,那麼 B 點的機率就不為零,它就不再是節點。節點的存在,意味著量子運動和古典運動是完全不同的,粒子可以從 A 點到 C 點,但是並不經過 B 點,我們沒法想像粒子的運動軌跡,唯一合理的解釋就是:它沒有運動軌跡!

粒子沒有固定的運動軌跡,只有機率分布的規律,這是量子力學中粒子運動的普遍規律,事實上,這也是量子力學中不確定關係(見第 7 章)的必然結果,如果有軌跡,動量和位置就同時確定了,就不滿足不確定性原理了。

3. 零點能

再來審視一維無限位能井中粒子的能量。對於 (A-2) 式,由於 n 是正整數,我們發現粒子的能量有一個最小值,即 n=1 時的能量 E_1,且 $E_1>0$。由於位能為 0,則 E_1 為粒子的動能,可見粒子的動能恆大於 0,這就是零點能效應。零點能效應表明粒子是無法靜止的,這和古典力學完全不同,因為古典粒子是可以靜止的,動能可以為零。事實上,零點能效應也是量子力學中不確定關係的必然結果,如果靜止,動量和位置就同時確定為零,那就違反了不確定性原理。

零點能效應使人們對於物體降溫到絕對零度時會不會完全靜止有了正確的認識。我們知道,溫度是反映物體分子熱運動的一個物理量。物體內部的原子和分子都在運動。運動

越劇烈，溫度越高。顯然，當一個物體降溫的時候，它的分子運動速度越來越慢，當達到最慢速度的時候，溫度就達到了最低值，也就是絕對零度，它等於－273.15℃。物體降溫的時候，會由氣體變成液體再變成固體，因為氣體的分子熱運動是最快的，固體是最慢的。如氧氣，在降溫的時候，它會先變成液體再變成固體，都是淡藍色，非常漂亮。

那麼，當物體降溫到絕對零度時，它的內部粒子是不是就完全不動了呢？其實不是。根據薛丁格方程式的計算，固體晶格振動的能量是量子化的，固體在絕對零度的時候，內部晶格振動能量達到一個最低值，這就是零點能。這時候粒子振動非常微弱，但是不為零。

雖然幾乎一切物質在絕對零度時都會變成固體，但有一種物質例外，那就是氦。氦的零點能比較大，即使降溫到絕對零度，它也不會固化，仍然保持液態，所以人們把氦叫做永久液體。正是利用氦的這一特性，人們研製出了氦製冷機來獲得極低的溫度。大型氦低溫製冷機是超導、核融合、高能物理等前沿科技研究中不可或缺的基礎裝置。

氦還有一個特殊的性質，就是當它接近絕對零度的時候，會變成超流體。超流體非常神奇，如果你把超流體放在杯子裡，它會自動沿著杯壁往外爬，直到流完為止；超流體還能絲毫不受阻滯地流過管徑極細的毛細管。研究顯示，液氦從正常相變成超流相時，液體中的原子會突然失去隨機運

附錄 A 一維無限位能井中自由粒子的運動

動的特性，而以整齊有序的方式運動。於是，液氦失去了所有的內摩擦力，它的熱導率會突然增大 100 萬倍，黏度會下降 100 萬倍，從而使它具有了一系列不同於普通流體的奇特性質。

附錄 B　氫原子中電子的運動

量子力學使人們對物質結構有了本質的理解。氫原子是最簡單的原子，也是唯一一個能夠精確求解其薛丁格方程式的原子，正是從它身上，薛丁格揭開了原子結構的奧祕。

考慮到原子核質量遠遠大於電子質量，我們假設原子核不動，然後透過薛丁格方程式來求解電子繞核運動的規律。氫原子的薛丁格方程式如下：

$$\left[-\frac{\hbar^2}{2m_e}\left(\frac{\partial^2}{\partial x^2}+\frac{\partial^2}{\partial y^2}+\frac{\partial^2}{\partial z^2}\right) - \frac{e^2}{4\pi\varepsilon_0 r} \right]\psi(x, y, z) = E\psi(x, y, z)$$

式中，m_e 為電子質量；e 為電子電量；ε0 為真空介電常數；r 為電子離核距離。

為了能夠求解方程式，需要把直角座標 (x, y, z) 變換為球極座標 (r, θ, φ)。以原子核為座標原點，假設電子在直角座標系的位置為點 P (x, y, z)，那麼 P 點到原點 O 的距離就是 r，OP 連線與 z 軸的夾角就是 θ，連線在 xy 平面內的投影與 x 軸的夾角就是 φ。兩種座標系的變換關係見圖 B-1。

附錄 B　氫原子中電子的運動

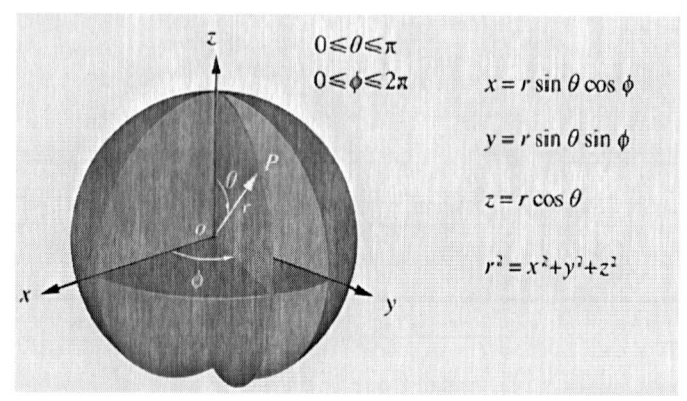

圖 B-1 直角座標系與球極座標系的變換關係

氫原子的薛丁格方程式求解過程相當複雜，本書仍然直接給出求解結果。在求解過程中，自然引入了 3 個量子數，分別是主量子數 n、角量子數 l 和磁量子數 m。

1. 能量量子化

求解得到電子的能量為

$$E_n = -\frac{13.6}{n^2} \text{ eV} \quad (n=1, 2, 3, \cdots) \quad (\text{B-1})$$

能量取負值是因為將電子離核無窮遠時的位能定為 0。可以看出，能量是量子化的，n 越大，電子能級越高。

2. 波函數

電子的波函數 ψnlm(r, θ, φ) 表示式很複雜，不同的 n、l、m 對應不同的波函數，用不同的下標標記。

當 n=1 時,E1= -13.6 eV,此時波函數有 1 個解(ψ_{1s});

當 n=2 時,E2= -3.40 eV,此時波函數有 4 個解(ψ_{2s}、ψ_{2p_x}、ψ_{2p_y}、ψ_{2p_z});

當 n=3 時,E3=-1.51 eV,此時波函數有 9 個解 …… 每一個能級 E_n 對應 n^2 個波函數。表 B-1 給出了幾個低能級波函數的表示式。

表 B-1 氫原子中的電子波函數 ψnlm (r, θ, φ)

量子數取值			波函數 $\psi_{nlm}(r,\theta,\phi)$	波函數命名
n	l	m		
1	0	0	$\psi_{1s} = \sqrt{\dfrac{1}{\pi}}\left(\dfrac{1}{a_0}\right)^{\frac{3}{2}} e^{-\frac{r}{a_0}}$	光譜上將 $l=$0, 1, 2, 3, … 記為 s, p, d, f, … 故 $n=1$、$l=0$ 記為1s

量子數取值			波函數 $\psi_{nlm}(r,\theta,\phi)$	波函數命名
n	l	m		
2	0	0	$\psi_{2s} = \sqrt{\dfrac{1}{32\pi}}\left(\dfrac{1}{a_0}\right)^{\frac{3}{2}} e^{-\frac{r}{2a_0}}\left(2-\dfrac{r}{a_0}\right)$	$n=2$、$l=0$ 記為 2s
	1	0	$\psi_{2p_z} = \sqrt{\dfrac{1}{32\pi}}\left(\dfrac{1}{a_0}\right)^{\frac{5}{2}} e^{-\frac{r}{2a_0}} r\cos\theta$	$n=2$、$l=1$ 為 2p,$r\cos\theta = z$,記為 $2p_z$
	1	±1	$\psi_{2p_x} = \sqrt{\dfrac{1}{32\pi}}\left(\dfrac{1}{a_0}\right)^{\frac{5}{2}} e^{-\frac{r}{2a_0}} r\sin\theta\cos\phi$	$n=2$、$l=1$ 為 2p,$r\sin\theta\cos\phi = x$,記為 $2p_x$
			$\psi_{2p_y} = \sqrt{\dfrac{1}{32\pi}}\left(\dfrac{1}{a_0}\right)^{\frac{5}{2}} e^{-\frac{r}{2a_0}} r\sin\theta\sin\phi$	$n=2$、$l=1$ 為 2p,$r\sin\theta\sin\phi = y$,記為 $2p_y$

注:a0=52.9 pm,稱為波耳半徑。

3. 電子雲

我們已經知道，波函數模的平方 $|\psi|^2$ 代表在空間某點發現粒子的機率密度。所以我們將 $|\psi_{nlm}(r, \theta, \phi)|^2$ 作圖，就能看出電子在原子核周圍空間的機率密度分布。$|\psi|^2$ 函式圖形就是「電子雲」，如圖 5-2 所示。

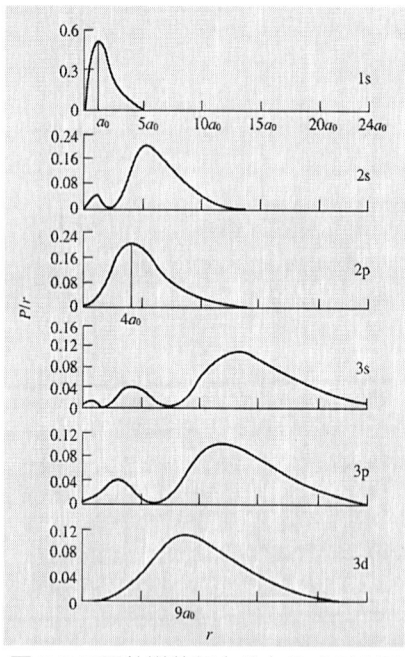

圖 B-2 不同軌道的徑向分布函式 P(r) 圖

（電子在距核 r 遠、厚度為 dr 的球殼內出現的機率為 P(r)dr）

仔細觀察 1s 軌道的電子雲，會發現顏色最深的地方在原子核上，這是不是意味著電子在核上出現的機率最大呢？並

不是！這是一個常見的失誤，就是把機率密度和機率混淆，事實上，這是兩個不同的概念。機率密度是單位體積內電子出現的機率。要想知道電子在某一點出現的機率，需要用該點的機率密度乘以該點的體積，這就要用微積分來處理——$|\psi|^2 d\tau$ 表示在空間某一點附近微體積元 $d\tau$ 內發現電子的機率，把 $|\psi|^2 d\tau$ 在某一範圍內積分，就能算出此範圍內電子出現的機率。據此，人們計算出了電子在距離原子核某一距離球殼內出現的機率，並將其作圖，稱為徑向分布函式，如圖 B-2 所示。從圖中可以看出，對於 1s 軌道，電子在距核 a0 處出現的機率最大（a0=52.9 pm，稱為波耳半徑）；對於 2p 軌道，電子在距核 4a0 處出現的機率最大；對於 3d 軌道，電子在距核 9a0 處出現的機率最大。

對比圖 5-2 和圖 B-2 的 1 s 軌道電子，可以看到 1s 電子在原子核上機率密度最大，但是這一點的球殼體積趨於零，所以電子在這一點出現的機率也接近零；隨著離核距離 r 增大，機率密度在逐漸減小，但球殼體積在逐漸增大（球殼體積 = $4\pi r^2 \times dr$）。經計算，兩者乘積的極大值出現在離核 52.9 pm 處，這就是電子出現機率最大的地方。

4. 節面

如果有一個粒子，它可以在籃球內部出現，也可以在籃球的外部出現，但是它在籃球球殼上出現的機率是 0，那麼

附錄 B　氫原子中電子的運動

這個籃球球殼就叫節面。節面最難理解的地方是，這個粒子從內到外或者從外到內，它是如何通過節面的？如果通過節面，節面的機率就不應該為 0，那既然節面機率為 0，它又是怎麼進出的呢？千萬不要以為這是無稽之談，事實上，原子中的電子就是處於這樣的運動狀態。在電子雲圖中，除 1s 軌道外，其他軌道都有節面。

節面就是波函數 $\psi=0$ 的面。因為 $\psi=0$，所以電子在節面上出現的機率為零。電子雲中有許多節面，例如，2s 軌道的節面是一個球面，3s 軌道的節面是兩個球面（對應於圖 B-2 中曲線與橫軸的交點位置）……這也成為人們理解電子運動的難題之一，唯一的解釋就是電子沒有固定的運動軌跡，只有機率分布的規律。讀者將節面的概念和一維無限位能井中節點的概念進行比較，可以看到二者的物理內涵是一致的。

參考文獻

[1] 高鵬，從量子到宇宙：顛覆人類認知的科學之旅 [M]. 2017.

[2] 吳飆，簡明量子力學 [M]. 2020.

[3] 井孝功、趙永芳，量子力學 [M]. 2009.

[4] 井孝功、鄭仰東. 高等量子力學 [M]. 2012.

[5] 曹天元，上帝擲骰子嗎？量子物理史話 [M]. 2008.

[6] 張天蓉，群星閃耀：量子物理史話 [M]. 2021.

[7] 郭光燦、高山，愛因斯坦的幽靈：量子糾纏之謎 [M]. 2版. 2018.

[8] 陳宇翱、潘建偉，量子飛躍：從量子基礎到量子信息科技 [M]. 2019.

[9] 袁嵐峰，量子訊息簡話：給所有人的新科技革命讀本 [M]. 2021.

[10] 關洪，量子力學的基本概念 [M]. 1990.

[11] 費曼、萊頓、桑茲，費曼物理學講義：第3卷 [M]. 潘篤武，李洪芳，譯. 2020.

[12] 費曼，QED：光和物質的奇妙理論 [M]. 張仲靜，譯.

2012.

[13] 阿米爾·阿克塞爾，糾纏態：物理世界第一謎 [M]. 莊星來，譯 . 2016.

[14] 魏鳳文、高新紅，仰望量子群星：20 世紀量子力學發展史 [M]. 2016.

[15] 張三慧，大學物理學 [M]. 3 版 . 2017.

[16] 周公度、段連運，結構化學基礎 [M]. 5 版 . 2017.

國家圖書館出版品預行編目資料

超簡單量子力學：探索量子物理的起源，從普朗克常數到薛丁格方程式，奠定古典物理的基石 / 高鵬 著. -- 第一版. -- 臺北市：沐燁文化事業有限公司，2024.08
面； 公分
POD 版
ISBN 978-626-7557-02-0(平裝)
1.CST: 量子力學
331.3　　113011470

超簡單量子力學：探索量子物理的起源，從普朗克常數到薛丁格方程式，奠定古典物理的基石

作　　者：高鵬
發 行 人：黃振庭
出 版 者：沐燁文化事業有限公司
發 行 者：沐燁文化事業有限公司
E-mail：sonbookservice@gmail.com
粉 絲 頁：https://www.facebook.com/sonbookss/
網　　址：https://sonbook.net/
地　　址：台北市中正區重慶南路一段六十一號八樓
8F., No.61, Sec. 1, Chongqing S. Rd., Zhongzheng Dist., Taipei City 100, Taiwan
電　　話：(02) 2370-3310　　傳　　真：(02) 2388-1990
印　　刷：京峯數位服務有限公司
律師顧問：廣華律師事務所 張珮琦律師

-版權聲明-

原著書名《给青少年讲量子科学》。本作品中文繁體字版由清華大學出版社有限公司授權台灣崧博出版事業有限公司出版發行。
未經書面許可，不可複製、發行。

定　　價：350 元
發行日期：2024 年 08 月第一版
◎本書以 POD 印製
Design Assets from Freepik.com